電柱のないまちづくり

電線類地中化の実現方法

NPO法人
電線のない街づくり
支援ネットワーク 編著

学芸出版社

出版に寄せて

通勤通学路、商店街の無電柱化を

電線類地中化は、国土交通省の施策としては第五期の「無電柱化推進計画」を終えており、1986年の第一期開始から第四期までですでに6,500kmに伸びた(第五期の実績は未公表)。単純に言えば日本列島を往復する距離であり、地中化の方式としても道幅の大きい道路でなくとも埋設が可能になるよう、第五期に至って浅層埋設方式が取り入れられた。また軒下配線や裏配線等、埋設できない場合の工夫も行われている。財政逼迫の折に、政策が進展していることは嬉しい限りである。

ただ、言うまでもなく電線類地中化は景観の向上(や安全性)を目指すものであり、空を電線類が覆い景観の劣化が体感されたこと、大地震の到来が切迫感をもって予測されていることが発端となっている。景観の観点に限れば、「体感」がないならば、架空配線が経済的である以上、地中化は必ずしも必要ではない。では私たちの「体感」において、地中化は進展している(景観が改善されている)のだろうか。

案外芳しくないなぁ、と感じるのは、筆者だけだろうか。実際のところ、いくら地中化しても、それ以上の速度で電柱は増えているらしいのだ(現在、3,300万本)。国土交通省が管轄しているのは国道だから、県道・都道・区道は地中化延長に含まれていない。国道は多くが自動車の往来の激しい道路である。それに対し我々がゆっくり歩いて空を見上げるのは県道や都道など広めの幹線道路の歩道や、通勤通学路・商店街などより細い道であり、それらには地方公共団体の財政上の理由から地中化が及んでいない。人々が電線の存在を体感するのはゆっくりと歩く場合の方が多いのだとすれば、そうした道で電柱が増え、またケーブル・テレビや有線放送の電線等、電気・電話線以外の電線類までも加わっているならば、体感としてむしろ地中化が進んでいないと感じられて不思議ではない。

現在、地方分権論が盛んに行われているが、争点は税源の配分にある。これまで「予算がない」とのことで地方公共団体は電線類地中化を進めてこなかったが、今後財源が地方に移譲されれば、使い道を決めるのは中央ではなく地方になる。中央でも「景観」という価値観にかかわる事項を理由として財政支出を行うには1980年代を待たねばならなかったのだが、地方でそうした決断ができるかどうか。本来、景観は地方地方で異なるものであり、地方だからこそ個性を誇るべきものである。地方の心構えが問われるところである。

2010年4月15日

東京大学大学院教授　松原隆一郎

出版に寄せて

住宅地の無電柱化は業界の責務

現在いくつかの公職をお引き受けしておりますが、仕事柄住まいに関する団体がもっとも多くなっています。なかには、全国で環境に配慮した住宅地をつくることを目的にした団体があり、その理事長職も長く務めさせていただきました。その団体は、日本全国でまちづくりや家づくりを行い、我が国における先導的な役割を担っています。私ども住宅会社も参画しており、そのような立場から私はこれまで全国あちらこちらのまちなみを視察する機会を持ってきましたが、そのたびに気になるのは電柱や電線でした。

とくに欧米や中国など海外の美しい街を視察してから、日本の住宅地や市街地と比べて大きく景観が異なることに気がつきました。

一方で地球温暖化対策は待ったなしの状況であり、最近話題になっている長期優良住宅（200年住宅とも言いますが）のように、資源を有効に使いながら長く住むことで地球環境を守る住宅づくりや住まい方の提案が、我々住宅供給者にとっても大きな課題になってきました。

優良な社会的資産としての住宅を後世に残していくことは、我々の責務ですが、そのためにはその住まいにふさわしい優良な住環境がなくては始まりません。景観法もできており、住環境を高める施策として無電柱化への取り組みは避けて通ることができない時代に入っていると思います。

クリアすべき課題はありますが、無電柱化の実現に向けて一歩一歩取り組むことで、いずれは先進諸国と肩を並べる住環境をつくりあげていけると確信しています。行政をはじめ電力業界や住宅・不動産業界など、関係するすべてのみなさまが英知を結集して、取り組んでいただきたいと思います。

2010年4月15日

社団法人住宅生産団体連合会会長
（財団法人住宅生産振興財団前理事長）
大和ハウス工業株式会社代表取締役会長　樋口武男

はじめに

NPO法人電線のない街づくり支援ネットワークが立ち上がって3年になる。その間、日本の電線類地中化を推進させるためにセミナーや勉強会の開催など、様々な活動を行ってきた。しかし、日本の電線電柱は減るどころか、増えている。これは、国民が電線電柱が増えていることに気づいていないからなのかもしれない。一部の先進的な人たちは、まちのデザインや企画の段階で、電線類地中化を試みるが、そのハードルは高い。そのための、指南書も存在しない。

ときおり、私たちのNPOに行政担当者や設計事務所、コンサルタントの方から、電線類地中化についての問い合わせがある。この方たちは、一様に「何をどうしたらいいのかわからない」状態である。これでは、日本の電線類地中化が進むべくもない。そこで、電線類地中化に関する専門家集団を自任する私たちが、こういった方々に、電線類地中化は実現可能であることを、具体的な事例と最低限の技術的な知識を交えてわかりやすく解説しようと、思い立ったのが本書の始まりである。

本書は、行政のまちづくり担当者や観光に関わる方、建設コンサルタント、街路デザイン関係者、設計者、まちづくり団体のコアメンバー、学識者、研究者、建設会社、不動産会社、施工会社、などの方々に是非読んでいただきたいと思う。

電線類地中化は様々なステークホルダーが存在することで、その実現を難しくしている。しかし、その利害関係以上に効果は絶大なものがあり、電線類地中化されたまちの当事者の満足度は非常に高い。

例えば、苦労して電線類地中化を実現させることで、商店や住民の景観に対する意識が向上し、まちなみや景観が乱れるのを防ぐために重要伝統的建造物群保存地区に申請し、指定されたり、独自の「町づくり規範」をつくって、まちなみ保存をしている川越市一番街商店街はその好例だ。その様子は、他の事例とあわせて、2章で詳しく紹介する。

また、電線類地中化のメリットとして、経済効果があげられる。大型公共投資が少なくなった昨今では、電線類地中化は街も人も元気になる、有効な公共事業といえよう。また、コストも思われているほど高くはない。ちまたに流布している数字は高規格の、それも10年前のもので、方法によっては、随分安くなっている。民間の住宅地開発ではここ数年で、確実に電線類地中化するまちが増えてきている。分譲戸建住宅の着工件数は2004年をピークに減少を続け、2008年にはピーク時より約20%減となった。その一方で、電線類地中化が行われた分譲住宅の着工件数は増加しており、2008年には着工件数が2004年の約3.5倍になっている（船井総合研究所調べ）。

安全性の面では、電線類地中化は復旧に時間がかかるといったデメリットばかりが喧伝されているきらいがあるが、人命という観点では、地中埋設の方が断然安全だ。1995年1月に発生した阪神淡路大震災では、倒壊した電柱が道路をふさぎ、垂れ下がった電線が火災を発生させ、被害を拡大させた。地中埋設管は架空電線の1/80の被災率というデータもある（NTT資料）。地震や台風などの自然災害に圧倒的に強く、街に本当の安心をもたらすのだ。

このように、まずは、電線類地中化の素晴らしさを知っていただきたい。できれば、本書に掲げたまちを訪れてほしい。そして、読者の感性で感じたことを、一人でも多くの人に伝えてほしい。

これを読まれた読者は、電線類地中化のフロンティアとして、ぜひ、日本の街から電線電柱をなくす意思表示をしてほしい。そして、その渦を日本中に広げてほしい。未来の子供たちに電線電柱のない安全・安心で美しいまちを残すために。

2010年5月

NPO法人電線のない街づくり支援ネットワーク理事兼事務局長　井上利一

目 次

第2章　無電柱化まちづくりの実際——主体・プロセス・仕組み

第4章　実現に向けたアクションプラン

NPO法人電線のない街づくり支援ネットワーク

序　章

電柱・電線のある街、ない街

長谷川弘直

0.1　クモの巣状の電線におおわれた街

2005 年に景観緑三法[注1)]が制定され、安全で美しいみどり豊かな景観の街の再生や地域風景の再創出へ向けて、自治体や専門家たちは力強く希望と可能性を持って出発した。

我が国の醜悪な景観をつくり出しているもっとも大きな要素は、「電柱・電線」である。どこにいても 40m 内外に必ず一本の電柱が左右交互に設置され、配電線や通信線が交差してクモの巣状の空をつくる。山々の尾根を高圧鉄塔が走り、田園地では農道に沿って電柱が並列し連続する。

国は 1986 年度から 5 期に渡り、「無電柱化推進計画」のもと、電線類を歩道下に電線共同溝として地中化する事案に取り組んでいる。それでも、電柱は毎年 11 万 7 千本、1 日 320 余本が増えているという。

海外旅行で驚くことは、ロンドンやパリ・ニューヨークの街を歩いていて電柱・電

1— 京都・四条(上)　世界に誇る日本の伝統的建造物の歴史景観をさえぎる電柱・電線の悪景。
2— 京都・東大路通り(右頁)　歩道は狭く、さらに電柱が歩行を妨げ、電線は空を覆う。車道は車で混雑して、のんびり、ゆっくりと観光を楽しめない。

線にお目にかかることがないことだ。それも当然で、データは少し古くなるが 1977 年においてロンドン 100%、パリ 99.2%、ニューヨーク 72.1%の無電柱化率であり、現在ではさらに無電柱化は進んでいる。

日本の大都市での無電柱化率は 2016 年データで、東京 23 区約 8%、大阪約 5.5%、名古屋約 5%、福岡約 3.1%と欧米とは比較にならない。日本人の景観文化度は低く、電柱・電線に限って言えば無神経なのか、特に気にならないのだろうか、増え続ける現象を見ると淋しい限りである。

一方で、遅々ではあるが電線類の地中化は進められている。2009 年度から重点的に、国や地方自治体、市民や地元住民の協力を得て、電力会社や通信業界と協同で「電線類地中化」を図り、クモの巣状の空から開放された安全で美しい景観のまちづくりが進められている。

近例では、京都の清水寺や知恩院、八坂神社などのある京都市東山区では「東大路通りをエコ観光」をテーマに、2009 年度から歩道を拡幅し電線類を地中化する方針で新しい観光都市への取り組みが始められている。

注

1) 景観緑三法:「景観法」「景観法の施行に伴う関係法律の整備等に関する法律」「都市緑地保全法等の一部を改正する法律」の三法の総称。2004 年 6 月 18 日公布。2005 年 6 月 1 日全面施行。

0.2　電柱・電線のない都市風景

都市は様々な機能形態と空間・景観の表情を持っている。ストイックで無機質な街から、無秩序で猥雑、混沌としたラビリンスの街があり、そこで感じる都市美もまた様々である。

土地・場所・空間には各々に独自のアイデンティティがある。電線のない整然と都市計画された質の高いモダニズムの建築群とみどり豊かなオープンスペース。「あー、やっぱり電柱・電線のない街は美しい。心地良い」と感受する人は多い。一方で昔からの商店街や歓楽街の無規則で乱雑な建築や看板と電線が混在した空の見えないアーバンスケープを、東洋的・アジア的なエネルギッシュな都市の魅力として好み、評価する人もいるが、ここでは電柱・電線のない街づくりが目的である。

5―　大阪・道頓堀（上）　大阪を代表するミナミの歓楽街、道頓堀。広告、ネオン、看板、建物が混在化した風景。

6―　大阪・天王寺（左）　通天閣の歓楽街、店舗や看板、ネオン、電線などが混在しておもしろい。

3―　東京・原宿（上）　ケヤキ並木が、美しい都市景観をつくる。

4―　大阪・御堂筋（左頁）　大阪のメインストリート・御堂筋を、秋の紅葉が彩る。イチョウ並木が詩的な情景をつくる。

0.3　歴史的、伝統的まちなみをおおう電線

日本には京都の東山や奈良・斑鳩《いかるが》・東大寺、世界文化遺産の和歌山・三重にまたがる紀伊山地の霊場と参詣道の熊野街道、島根県太田市の石見銀山遺跡と大森宿、奈良の明日香遺跡や農村田園集落…等の文化的景観が数多く残っている。また、長野県木曽の妻籠宿や石川県金沢の茶屋町、京都府伊根浦漁村など重要伝統的建造物群保存地区（重伝建地区）の集落やまちなみが国の指定によって保全・再生されている。

このように守り育てられてきた文化的・景観的遺産も、戦後の国土開発、高度成長による無秩序な開発によって喪失され、あるいは失われつつある。歴史的・伝統的建造物やまちなみ・地域風景の保全と再生が今見直されている。

ここでは「電柱・電線」は概ね地中化により景観保護されているが、一部の重伝建地区や指定されたエリア外においては電柱が連立し、配線が空を覆っている。風景は近景から遠景まであらゆる視点や動きによって自在なビューが生まれる。例えば、近景の電線が遠景に見える建造物の五重の塔を遮るなど、至る所で見受けられる。

7— 滋賀・長浜市（左頁）　黒壁で有名な北国街道の商店街。狭い街路は電柱・電線で空が覆われており、安全で楽しく観光することができない。

8— 京都・清水（右）　歴史的・伝統的まちなみを遮る電柱・電線。

9— 奈良・斑鳩町（左）　離れて見てみると、五重塔を鉄塔や電線が遮っている。

10— 岡山・津山市（下）　城下町の古い家並みが残る出雲街道も、左右に連立する電線が風景を壊している。

0.4　地域風景をおおう電線

車や鉄道に乗って車窓を眺めていると、山岳の尾根筋や里山の裾沿いに広がる田園風景に、高圧鉄塔や電柱・電線が見えてくる。また、山裾や田畑が広がる農村地では大きな看板が無制限に乱立して地域色ある屋根瓦の美しい集落風景を遮る。

高圧鉄塔・電柱電線・看板は日本の景観・風景にとって３悪景と言える。総体的な景観のあり方を法的規制や条例を含め国・地方自治体・企業・市民・住民が一体となって取り組まなければ問題は解決しない。

11—鳥取・東伯 (上)　山陰本線の車窓から見える、山の尾根を縦横断する高圧鉄塔群。山岳風景が痛々しい。

12—奈良・葛城市 (下)　集落を繋ぐ農道にも電柱が連立する。

13—和歌山・九度山（上左）　伝統的な家屋・集落が残る街道にも電柱が連立している。

14—福井・池田町（上右）　山並み、田園風景の農村集落道では電柱の連立と横断する電線が風景を仕切る。

15—福井・池田町（下）　積雪が集落をつなぐ道路を隠す。連続した電柱によって道路や家の位置を確認することができる。

0.5　電柱のない住まいと家並み

これまで年間約 100 万戸強の住宅が公団・公社や民間開発によって集合・共同・戸建住宅として供給されてきた。各地のニュータウン開発で供給される戸建住宅地では、電柱・電線のない統一された外構が連続する個性的な家並みが多くつくられており、様々な手法や工夫・景観への配慮が行われている。まちなみの幹線、準幹線は電線類を地中化して宅地（区画）道路に電柱を建てる。電柱を民地の住宅地内に建て、公共道路には建てない・見せない。宅地と宅地の背割りに電柱を連立して、表の道路沿いからは見せない。電柱を公道・宅地内にも建てず、各住宅の屋根・庇に電線を配して連続させるなど、様々な工夫で家並みと生活道路を安全で美しくみせるまちづくりが行われている。

今日の新しい住み手は、個々の住まいに関心を持つと同時に、街の個性とアイデンティティを求め、道路や通路・公園・緑地・外構などパブリックやセミ・パブリックスペースに期待する人が多い。「電柱・電線のない街」で「人と自然が共生する環境住宅地」が増えている。

16―大阪・阪南市(上)　まちなみの幹線道路は無電柱化で照明灯だけが連立する。
17―大阪・寝屋川市(右頁)　木造密集市街地を低層コーポラティブ住宅で再生。南北東西の通りは無電柱化を図り、水路のある歩行者専用道路とした。

0.6　電柱のない安全なまちへ

今も至る所に数多く残る路地やみなし道路に接地して連続する「密集型の市街地住宅」では、狭い通路に密度高く低層長屋が建ち並んでいる。そこでは向こう三軒両隣の人と人との互助と会話交流が、路地や井戸端広場・子供地蔵を媒介として、ヒューマンなコミュニティを形成し、日本独自の生活文化が今も生きづいている。

1995 年 1 月 17 日に起きた「阪神・淡路大震災」で、狭い生活道路や迷路のような路地での家屋の崩壊と、同時に電柱の倒壊が、避難する人々の行く手を阻み災害を増幅させた。

大阪の京阪沿線では、戦後の木造 2 階建て長屋が今も多く残り、生活が営まれている。ここでは拠点的開発地区を設定した「老朽木造賃貸住宅建替事業」により安全・安心のまちづくりが進められている。

こうした地区で電線類を地中化し、「電柱・電線」をなくすことで、日常生活者の安全性・利便性の象徴といえる「路地の庭」を共有し、人間味あふれる独自の生活文化とコミュニティを確保できてこそ、まちづくり事業は継続できる。

18 —兵庫・神戸市長田　阪神・淡路大震災直後、電柱の倒壊が 避難路を塞いだ。

第 1 章

世界と日本

——電線類地中化事業の違い

高田　昇
（column　井上利一）

1.1　電線類地中化の歴史

(1)基本的な背景の違い

日本ではなぜ電線類・電柱が残ってきたのかということを振り返ってみると、単に電線類・電柱の問題だけではない、景観や身の回りの生活の場のあり方に対する国家レベルでの取り組みの問題が、長年積み重なっているように考えられる。

第一には、景観まちづくり、都市アメニティ政策への基本的な立ち遅れがあるのではないだろうか。1909年に制定されたイギリスの都市計画法の前文には、都市アメニティが都市計画の基本的な目標であることが明示されているが、日本の都市計画は、一貫してその根底に土地の効率的な利用や合理性ということが、うたわれるのみであった。また、都市インフラや生活基盤整備の面でも一貫して軽視されてきた歴史がある。世界の先進国の都市部において、道路・公園といったもっとも基本的な都市基盤が、日本ほど中途半端なまま整備レベルが低く放置され、建物の高さがデコボコのスカイライン、密集市街地が大きな疑問もなく存在するところは見られない。

明治以降の慌ただしい近代化、そして第二次世界大戦後の復興、高度経済成長、それに続くバブル期などを通じて、公共投資は着実に生活の場を整えるためよりも、我が国では、その時期その時期の経済の急ぎすぎる成長や国力を高めることに重きを置かれてきた。

特に、電気・ガスを含むライフラインや主要なインフラ整備は、中央集権体制で行われてきた経過も見過せない。そのことが、各都市独自の景観や都市環境のあり方について、市民の目線を身近に捉え対応するという体質を弱めてきたのではないだろうか。また、国の動きだけではなく企業や市民の側にも問題がある。欧米に比べて、企業の社会性、企業倫理の低さは今もそれほど変わっていない。住民の生活環境や景観への認識あるいは感性というものが、成熟しないまま価値観が混沌としている、という状況も、この一世紀大きな進歩が見られたとは考えられない。未だに、景観より「私権」が優先するとの考え方が

column ❶

日本の電柱はなぜなくならないか？

日本の電柱がなくならないのは、日本人の街の景観に対する意識

“まちづくり” ということに対して、まずは、「自分の利益」が優先されてしまう。我々が、電線類地中化に取り組む際に一番の難関は、当該道路の地元住民、商店、企業への説明であり、納得（合意形成）を得ることだ。

「店の前は掘り返さないでほしい」

「うちの前に地上機器を置くのは困る」

となる。

その後の、美しくなった街の姿をいくら説明しても、目先の売上げが少しでも落ちるのを嫌う。商売なので、仕方がない面もあるが、少し先の街の活性化を考えれば、早く工事を終えて、街をきれいにして、多くのお客さんに来てもらった方が、売上げは上がるのだ。現実に、電線類地中化を含め、街の美装化をして、観光客が 10 倍になった！という例はたくさんある。

戸越銀座商店街（東京都）

常識のように語られることが多い。

そのような根の深い、多くの要因を、長い年月を通して積み重ねてきたお国柄を自覚しなければならないと思う。だからこそ、電線類・電柱が残ってきた

だけではなくて、我々の身の回りの景観は結果として、きわめて貧弱な姿を今に引きずっているのである。電線類地中化が他の先進国において、すでに解決されてきたという事実を改めて振り返ってみると、すでに100年以上の格差が見られるのである。

(2)電線類地中化の歴史の違い

電線類地中化の歴史を、欧米と日本を比較しながら振り返ってみると、近代の都市建設の段階に決定的な差異を見出すことができる。都市を経済活動の場としての面を最優先してきた日本と、経済と同じように安全思想を持ち得た欧米の違いが、もっとも顕著に表われているのが電柱・電線といえるかも知れないのである。

ロンドンを例にとると、すでに1800年代を通じて地中化の方針を固め、以来一貫して電柱を立てるということは行われなかった歴史がある。1800年代初頭の産業革命をはじめとする都市化の中で、それまでの落ち着いた中世都市の名残が大きく変化を見せる。都市内に工場が集まり、そこで働く勤労者が集中し、それまでの都市が長年保ってきた秩序が失われる事態を迎えた。その中で、夜間の犯罪対策を中心とする安全な都市をつくるという課題が、都市づくりの特に大きなテーマとなった。そこで夜間照明を普及するにあたって、ガス灯か、電灯かが問題となったことが、電線類地中化の発端といわれる。当然ガスは、すでに地中化されていたことは言うまでもないが、同じ街灯をつけるのに、ガスが地中化のコストを負担し、電灯が地中化の負担をしないというのは公平ではない、との議論があり、結果として電気も地中化すべきである、との世論が高まり、地中化の制度が確立された。

一方、アメリカのニューヨークにおいては、南北戦争以降1800年代前半で、エジソンによる蓄音機をはじめとする電気利用の発達が進み、街を電線が覆うという事態が発生する。当時の架空線は、技術のアンバランスな発達のため裸線であり、感電により多くの死傷者が出る、という社会問題が発生した。松原隆一郎氏は著書『失われた景観』で、1880年頃のニューヨーク市の状況を紹介しているが、まさに、街が電線だらけの状態であり、きわめて危険であるということから、1800年代の末に地中化の方向性が固まった。それ以降、20世紀を通じて地中化の路線は変わらず、電柱が立てられることはなかった。

翻って、日本の電線類・電柱の歴史を辿ってみると、1800年代、すなわち江戸時代から明治時代に変わる頃から、架空線が出始める。1800年代末には近代化の流れと共に架空線が増え始めるようになるが、その頃、すなわち1900年代の初期、第一次世界大戦後は被覆技術が向上し、ニューヨークのような裸線による事故が多発するという事態は生じなかった。結果として、富国強兵の潮流が強まる世情の中、かたよった技術の進歩が電線類地中化のチャンスの一つを失わせるのである。その後、第二次世界大戦敗戦の後、焼け野が原となった市街地を復興するにあたって、安定し低廉な電力を早急に供給することが第一義とされ、架空線が疑問なく取り入れられ、ここでも地中化のチャンスを失った。そして、今日に至るまで架空線供給が標準化したままになっているのである。

地中化先進都市ロンドンは、産業革命でも一歩世界をリードしたが、同時に都市の近代化をきっかけとして電線類地中化を時代の潮流とした。そしてその流れは、大きなハードルを必要としないまま、ヨーロッパの諸都市に波及し、今に引き継がれる近代都市景観を形成する。私たちは、この失われた100年、あるいは200年をどのようにして取り戻すのか。その答えを見出さない限り、世界の中でのリーダーシップはおろか、仲間入りさえままならない事態ではないだろうか。

1.2　日本における電線類地中化の経過

(1) 日本における景観行政のあゆみ

電線類地中化は、その歴史が教えるところから、都市景観に関わる政策と都市の安全性に関わる政策の両面によって支えられるものである。特に、近代以降においては景観の側面から、電線類の地中化が重要視されている。1928年に日本で最初に電線類の地中化を行った芦屋市六麓荘《ろくろくそう》においては、開発者である

㈱六麓荘により次のような考え方で地中化がうたわれている。

それは、電柱の乱立により自然の風致を損うことのないよう、そして非常時の安全を期すために、費用は多くかかっても地中化するべきものであるとのこと。電柱が並ぶのを見ずにすむのは、実に快適である、とも強調されている。

しかし、このような動きがつながることはなく、きわめて稀なケースに留まる。そして、日本における都市景観に対する施策が一般化するのには、随分と時間がかかることになる。実はほぼ同じ頃、1919年に都市計画法制定に伴い風致地区、美観地区の制度が創設された。おそらくこの制度創設にあたっては、少なくとも都市の重要なエリアにはこれら制度を適応し、風致・美観を保持し、つくっていくという主旨があったものと考えられるが、実際にはそれらの制度が適用される地区は、きわめて限られる結果となったのである。

例えば、大阪では中之島や御堂筋といった都市を象徴するわずかな一画のみが、その地区の対象とされている。その後、戦後処理が落ち着くまでは、ほとんど景観に関わる制度が創設されることはなかった。景観形成につながる最初の法制度として、1966年に歴史的風土保存地区の制度が創設されている。また、1975年には伝統的建造物群保存地区の制度が創設されている。しかし、これらの制度も限られた地区が対象であり、特に歴史的風土保存地区の場合は、鎌倉や京都、奈良といった、いわゆる古都に限定されたものである。また、伝統的建造物群保存地区についても、城下町や宿場町などのまちなみが残されている一画を保存するのが目的であり、これまでに全国で86地区の指定に留まっている。

しかも、残念ながらそれら景観に関わる制度と電線類の地中化とは連動せず、日本を代表する古都である京都・奈良にも他の都市とほとんど変わらない状態で電線・電柱は存在し、伝統的建造物群保存地区においても電線類の存在は、保存地区指定とは関係なく見られるのである。この景観施策と電線類地中化の連動がない、という日本の特異体質から、目をそらせてはならないと思う。

(2)景観施策から電線類の地中化の萌芽

その後、近年になって2004年に景観法、2006年にまちづくり三法、2008年に歴史まちづくり法といった景観やまちづくりを従来の枠を超えて、より包括的、普遍的に進めるための法制度が整えられてきた。それに伴い、国交省による「街なみ環境整備事業」や景観法に伴う「景観形成総合支援事業」、まちづくり三法に基づく「暮らし・にぎわい再生事業」など、地域による電線類の地中化への補助制度が創設されてきた。しかし三重県伊勢市おはらい町、埼玉県川越市、奈良県橿原市今井町など一部の歴史的なまちなみの地区をのぞいては、電線類地中化が加速する気配は今のところ見られない。景観施策の進展は、今に至るまで基本的には電線類地中化にはつながっていない。

その要因の一つは、国の新しい景観諸制度は、国費を投入しない「規制・誘導」というソフト偏重に留まっていること、そして一つには、そもそも景観の概念に電柱・電線の存在が含まれないまま推移している、というもっと根本的な問題がある。

一方、国による電線類地中化事業そのものは、1986年にスタートした「電線類地中化計画」5カ年計画に基づく整備が着手されている。この事業により、20年余りの間で、全国で約6,200kmの地中化事業が進んだ。しかしその成果といっても、道路総延長約120万kmの0.5%に留まっており、その後制定された1995年の電線共同溝の整備等に関する特別措置法以降も特段大きな進展はみられない。

表１　電線類地中化に適用可能な補助制度

制度名称（所管）	補助率	補助対象地区
街なみ環境整備事業（国交省）	1/2	街なみ環境整備方針の承認区域
歴史まちづくり法（文科省・農水省・国交省）	1/2	認定歴史的風致維持向上計画
景観法（国交省）	2/5	景観計画区域
暮らし・にぎわい再生事業（国交省）	1/3	認定中心市街地活性化基本計画
まちづくり交付金（国交省）	2/5	都市再生整備計画認定地区

表 2　電線類地中化計画整備延長

計画期	年度	年数	整備延長	1 年当りの整備延長
第 1 期	1986 ～ 1990	5 年間	約 1,000km（実績）	約 200km/ 年
第 2 期	1991 ～ 1994	4 年間	約 1,000km（実績）	約 250km/ 年
第 3 期	1995 ～ 1998	4 年間	約 1,400km（実績）	約 350km/ 年
第 4 期	1999 ～ 2003	5 年間	約 2,100km（実績）	約 420km/ 年
第 5 期	2004 ～ 2008	5 年間	約 2,200km（実績）	約 440km/ 年
第 6 期	2009 ～ 2013	5 年間	約 1,300km（実績）	約 325km/ 年

出典：2014 年 9 月 8 日現在、国土交通省ホームページより、 表の第 6 期の整備延長は筆者予想

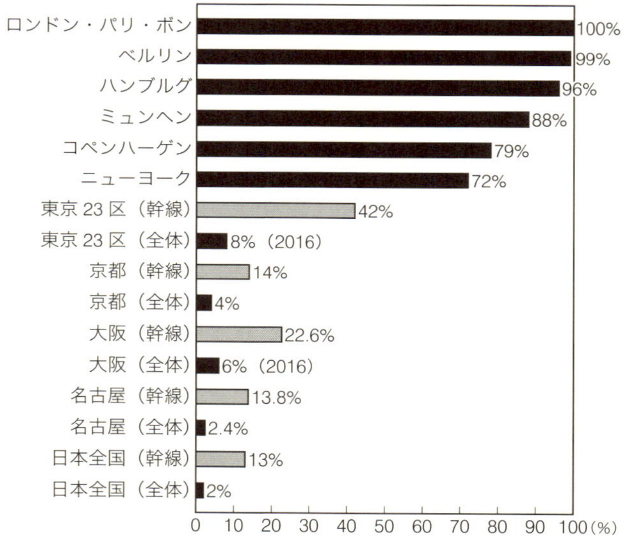

※1　海外の都市は電気事業連合会調べによる1977年の状況（ケーブル延長ベース）
※2　日本の状況は国土交通省調べによる2008年3月末速報値（道路延長ベース）
※3　幹線（幹線道路）：市街地の一般国道、都道府県道
　　　全体　　　　　　：市街地の道路

図 1　主要都市の電線類地中化の達成状況

その結果として、ロンドン・パリといったヨーロッパの主要都市では、ほぼ100%、その他の都市でも先進国では少なくても 80%前後の地中化率を達成しているのに対し、日本は東京 23 区でも 8%に留まっている。そして、総電柱本

column ❷
日本の電柱はなぜなくならないか？

電線類地中化に積極的な地方行政

現状では、様々な理由から自治体移管方式での電線類地中化を拒む行政の方が多くなっている。そんな中にあって、積極的な行政もある。大阪府下では、枚方市や高槻市、箕面市が積極的である。

特筆すべきは、東大阪市だ。ここは、開発指導要綱に明確に戸建て開発における電線類地中化に関する指導をしている。2004 年 12 月 1 日付の『東大阪市開発指導要綱』第２章「基本計画」の第28条に次のように明記されている。

> （電線類の地中化等の推進）
>
> 第 28 条　事業者が開発区域内に築造する区画道路は、できうる限り電柱や電線類を無くし、道路にゆとりと、都市景観の向上をはかるため本市の公共施設施行基準により電線類の地中化等に努めなければならない。

（詳細は『東大阪市開発指導要綱　東大阪市公共施設施行基準』の「第六章戸建住宅開発における電線類の地中化に関する基準」（所管課　道路管理課）の中に、詳しく解説されている。）

電線類が地中化された街

数が約3,552万本（2016年）。しかも、今も年々新しい電柱が増え続けており、その数は全国で年間約7万本、毎日約191本の計算になる。

今すぐに電柱新設をストップしたとしても、日本の空を覆うクモの巣を取り払うのに、これまでのペースだと1000年以上かかることになる。もし今のように新設を続けるならば、年間増加率0.5%、年間減少率0.08%で電柱は永久になくならないばかりか、増え続けることになる。なぜこのような状況になっているのか、その要因を明らかにしなければ、他のどんな先進国にも見られないこの恥ずべき状況を克服していく道筋は見えない。

1.3　欧米先進国に日本は近づけるのか

(1) 現実に見るハードル

例えば、どこかのまちで、電線類地中化を発意した場合、普通には地元の行政である自治体に相談することになるが、日本のほとんどの自治体ではその相談を受けても窓口もないし、現実的・技術的に対応できないのが実態である。そこで、行政は研究者、技術者、コンサルタントといった専門分野に相談するケースもあるが、建築や土木分野の専門家でも電線類地中化のノウハウをすぐに提供できる状況にはない。また、電力会社や土木・建設会社に相談されることも多いが、一般論としては説明があったとしても、生活道路など実際求められるケースに対応できることは少ない。

また、一部自治体では、景観やまちなみへの取り組みの中で電線類地中化に取り組もうと試みることもあるが、行政主導で行われるため、住民の合意形成の困難さに直面して、上手く進まないことも起こる。当然、地中化にあたっては、トランスの位置や工事の手順、期間中の生活や営業など、住民の立場で利害を越えて調整すべきことが多くある。住民の参加なしには進まないのである。そのように初歩的な状況や理解が整っていない現実がみられる。

新しい開発で新しい電柱が立っていく大きな原因の一つに、ディベロッパー側に地中化する意思があっても、地中化された管路等の設備の移管先が自治体

column ❸
日本の電柱はなぜなくならないか？

民間活力を活用して、一気に電線類地中化を推進しよう

電線類地中化には、国土交通省が進める電線共同溝とは別に、民間のディベロッパーが新規の宅地分譲をする際に、最初から地中埋設するというケースがある。

この場合の電線類地中化にかかる費用は、すべてディベロッパーなどの要請者負担となっている。この割高なコスト負担から、計画していた電線類の地中化が取りやめとなるケースも多々ある。

たしかに、架空での電気供給が標準であるので、地中化した場合の差額費用をディベロッパーに負担してもらうというのは、わからないでもないが、電力会社が「負担金」「(地中ケーブルコスト＋将来の再建設費用)－電柱設置費用」として全額を請求するのは納得できない。なぜなら、電力会社は地中化することによる恩恵（例えばメンテナンスの頻度が少なくなる等）も受けるわけであるから、差額費のうちいくらかの費用負担は必要であろう。ちなみに、同じケースで、通信（NTT）会社は、設備費用（管路、特殊部等）だけがディベロッパーの負担となり、同様の「負担金」は発生しない。

国土交通省が発表した、2008年の新設住宅着工戸数（一戸建て）は、11万5,794戸となっている。これらの宅地ですべての電線類が地中化されれば、日本の電線類の地中化も大きく前進すると予想される。それには、電力会社や通信会社の積極的な協力、そして行政の協力が欠かせない。

でも電線管理者側でも対応が困難であるために、結果として断念せざるを得ないことがある。

このように電線類地中化をする意欲があっても、実際に実行しようとすると一つ一つの場面でハードルが高く、結果として遅々として進まないことになる。なぜこのような状況になっているのか、ということを振り返ってみると、電線類地中化に、日本では景観行政を含む行政も民間も本腰を入れて取り組んだこ

とがないという基本的な問題にぶつかる。

(2)欧米から学ぶこと

ヨーロッパ、アメリカのほとんどの都市では、遅くとも20世紀の初めにすべての電柱は地中化する、そして新設しないという大前提があり、それに基づいて住民の理解も進み、コスト負担や技術の面でも地域や時代の事情に応じて、努力と工夫を重ねてきた歴史がある。そこに全くそのような転換点を持たなかった日本の歴史との違いがみられる。

そのような経過の中で、電線類の地中化事業に対して多くの誤解が満溢している。例えば、コストについても大きな幹線道路で、重装備の地中化を行うケースに慣れているため、一般にみられる生活道路では、もっと簡易な地中化やローコストでできるということが、行政にも企業にも市民にも理解されていない。コストの面で、実際にかかる費用の2倍程度高くつくという話がごく普通に語られている。また、電線類の地中化を進める技術についても、国の「電線類地中化計画」を起点とする技術に偏っており、地域の事情や投入できるコストに応じた技術開発がほとんどなされてこなかった。

そもそも国の景観行政は、民間の建物や工作物、広告・看板などに対する規制や誘導の施策が中心で、公共空間に対して公費を投入する、という組み立てにはなっていない。公共空間が率先して、良い見本を実行しないで、景観まちづくりが本当に進むとは考えられない。また、企業に対しても義務づけるという明確な方針、制度がない限り、少しでも安価に速く開発を行いたい、という企業論理が先行するのは避けられないだろう。倫理や善意のみで進むほど電線類の地中化は簡単ではなく、コストも軽いものではない。もともと法律なり明確な行政制度として確立されずに全面展開できるものではない、というのが他の先進諸国から教えられることである。少なくとも新しく電柱が立てられることに対しては、行政がはっきりと「ノー」の姿勢で臨まない限り、事態打開は期待できない。

地方自治体の景観行政においても、道路の美装化や街灯、サイン類などとい

column ④

日本の電柱はなぜなくならないか？

高コストが地中化を阻む大きな壁

日本から電線・電柱がなくならない大きな原因の一つに、整備コストが挙げられる。既存の道路にある電線・電柱を地中埋設するには、1m あたり 30 万円から 50 万円かかるといわれている。先述の 2009 年現在の日本に存在する電柱の数で地中埋設コストを計算してみると、

3,300 万本× 30m※× 40 万円＝ 396 兆円

※電柱と電柱の間隔はおおよそ30mとして計算

となる。少なめに見積もっても約 400 兆円もかかる計算になる。年間の国土交通省の電線類地中化に関する予算を 695 億円（2009 年度予算）と見積もると、日本の電柱・電線をすべて地中化するのに、なんと 5,698 年もかかってしまう（！）という計算になる…。

もちろん、山間部や山村部など、人口密度が極端に低いところまで、すべて地中化するかどうかという議論はあるが、少なくとも、新規の道路整備や住宅地開発の際には、初めから電線類地中化することを、行政は指導すべきではないだろうか。後述するが（第 3 章）、すでに建っている電柱や電線を地中化するコストに比べ、新規に道路を整備する際の電線類地中化のコストは、半額以下になる。

電線類地中化の工事状況

ったどちらかといえば短期的な面には目がいっていても、肝心の電線類の地中化をどうするか、といった景観の基本構造についての視点が欠如しているのがたいていの場合である。最近唯一、奈良市市長選挙にあたって、当選した候補がマニフェストとして、奈良町の電線類の地中化を掲げたのが新鮮な出来事であり、都市政策における位置づけの基本が問われる状況といえる。

多くの人が「電柱はない方が良い」と思っていても、「今の時期そんなことに莫大なお金を使えるのか」「国、企業が動くのか」という疑問を前に、諦めかけている。しかし、歴史的まちなみや自然環境の保存・再生が、小さな一石から大きな波紋になってきたように、また欧米諸国が 20 世紀以前に同じ問題を乗り越えてきたように、できることだし、やらねばならないことである。

他のどんな先進国にも見られないこの状況を克服していくためには、行政はもとより、市民や企業の現状認識、景観まちづくりの仕組み、さらには制度、財源、技術といった面から基本的で総合的な変革が求められる。

同時に、今すぐにできる行動プログラムについても、専門分野や、地域としての取り組みをスタートさせたい。もっとローコストで、もっとスピーディに地中化を進める方法は必ず見出せるはずである。そこに、100 年前の欧米諸国の苦労と今の日本の違い、今の日本の優位性がある。そしてそのための投資は、地域経済・雇用を良い循環に転換すると同時に、景観まちづくり、観光立国、創造都市づくりといった現代都市の大きな課題に対応しつつ、文化、経済の両面で地域力、国力をつける方向に向かうことにつながるだろう。

第 2 章

無電柱化まちづくりの実際

——主体・プロセス・仕組み

事例01

ニュータウン

▷コモンシティ星田（大阪府交野市）

自治体とディベロッパーの熱意が電力会社を動かし実現

鈴木映男

七夕伝説の地に生まれたこの新しい住宅地の開発には、縁あって、構想段階からコンペの実施、そしてコンペ後の開発・建設協議、建設と大阪府の担当者として関与し、最後は住民となるまで、17年余り関わってきただけに、人一倍の愛着を感じている。特に、この電線類地中化の実現に向けては、コンペのテーマが「21世紀を先導する優れた景観と魅力ある市街地空間の実施」ということから、コンペの実施前から電気事業者である関西電力㈱と交渉を重ね、3年後にようやく戸建住宅地における完全な電線類地中化が実現できた時の喜びは、想像以上であった。

そこでこの機会に、電線類地中化に向けた電気事業者と開発事業者の提案および熱い取り組み、それに対する大阪府の支援等について関わりを持った者として筆をとってみたい。ただし20年ほど前の話でもあり、私の記憶等も正確でないこと、およびその後の技術の進展から、現在の技術水準から見てすでに解決されている点等もあり、数値等も異なってきていることを、お許しいただきたい。

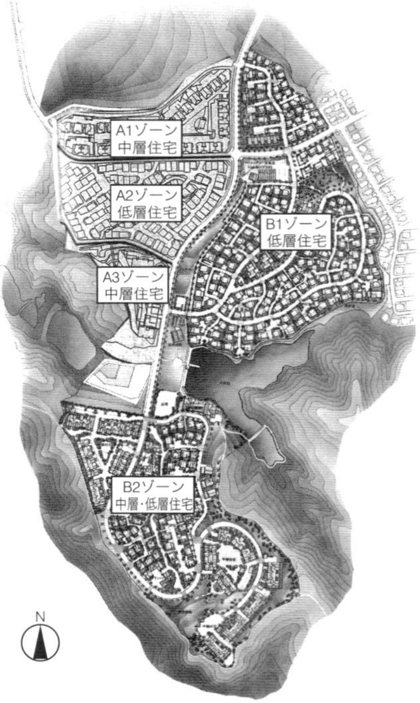

図1　全体計画配置図

1.1　開発事業者等の関西電力(株)に対する交渉過程

(1)関西電力の電線類地中化に対する慎重な姿勢

1987年の国際居住年に併せて、大阪府は、大阪府住宅供給公社が所有するゴルフ場跡地（25.6ha）を舞台に、公園、幹線道路、調整池等を除いた約1/3の部分の一部を「設計コンペ」とし、残りの約2/3を「事業化コンペ」という二つのコンペを同時に実施した。前者は当選した設計案に基づき、大阪府住宅供給公社が分譲住宅（A2ゾーン）を建設、後者は積水ハウスのグループが当選した計画案等に沿った分譲住宅（B1・B2ゾーン）を建設した。合計844戸（戸建住宅344戸、集合住宅500戸）の住宅地開発が行われた。

コンペ構想前の1986年12月より、大阪府は関西電力㈱本店および北支店の配電課およびNTTに電線類地中化に向けた交渉を開始し、翌年秋のコンペ募集の時期までに何とか電線類地中化の方向性を明らかにして、前提条件に組み入れられないかどうかの結論を出そうと、1987年9月まで13回に渡る交渉を行なった。しかしながら関西電力からは否定的な回答しか得られず、9月29日付けで大阪府知事名による協力要請の公文書を関西電力およびNTT西日本に提出した。

図2　A2ゾーン

図3　B1ゾーン

ここで、関西電力の電線類地中化に対する基本的な姿勢を一部紹介すると、

「配電の地中化は都市中心部の主要幹線道路が中心となっており、しかも以下の4条件を満足する場合を検討対象として、都市改造や道路事

業に合わせて実施している」とのことで、

①法定容積率500％以上の商業地域

②道路沿いに中高層の恒久的建築物がほぼ連続している区間

③歩道等に機器設置が可能な箇所

④地震等の災害時にもセキュリティが確保できるよう区間と広さを限定した系統構成が可能な箇所

であり、これらの4条件とは、

a. 公共施設など多数の人々が利用する地域である（社会資本の充実策として容認される）

b. 街区の形態および建造物が恒久化している（繰り返し工事の可能性が少なく、投資に無駄が生じない）

c. 地中化に要する工事費が架空に比べてそれほど大きくない（公平の原則、電力コストのアップにならない）

d. 供給支障事故時の探査、復旧時間が大きくならず地震時など広範囲の事故時にもセキュリティが確保できる（信頼度の確保）

これら上記の保障を狙ったものであり、地中化のメリットを最大限に活かし、デメリットをできるだけ局限しようとする考えであると主張した。

一方、大阪府としてはこれらの主張を関西電力が行うことは、当初よりわかっていたので、「配電線の地中化は、道路空間の有効利用や交通の円滑化、住宅地の防災機能強化やまちなみ景観の向上等の観点から大きな効果をもたらすものであり、今回の事業を21世紀へ向けての魅力あるまちづくりを推進するためのモデル的なニュータウンづくりとしてとらえて是非とも協力を願いたい」と訴えた。

1987年夏のコンペ実施時までには、残念ながら関西電力の色よい返事がもらえなかったため、コンペの要綱には盛り込めないまま当選案がどのような提案になるのかを待たざるを得なかった。しかし、大阪府としては1987年の夏以降も、建築部の営繕部門の設備課の応援を得ながら関西電力本店配電課等との交渉を継続させており、その過程で関西電力本店に新たな動きが出てきた。

それは従来から、関西電力という会社は役所以上に官僚組織であり、縦割りの大変強い組織で、特に配電課が強い力を持つ組織であると言われてきていた。

このような中で、高度成長の時代が終わり、電力需要にも伸びが止まり、工場等の企業相手から個人相手に電力需要の喚起を狙わなければならない時代となって、会社内部に新たに「市場開発部」という組織ができ、営業サイドと工事サイドとの調整の役割を担うことになった。府はこの動きを逃すことなく交渉を継続させたが、依然として配電サイドの頑なな姿勢を崩せなかった。

翌年１月の当選案発表で計画案が明らかになり、計画地内の道路は地形を活かした曲線状のものであり、しかも開発者はこのような道路形態では従来型の架線方式では電柱が乱立することになるため、電線類地中化を提案してきた。

そこで再びこの提案をもとに、大阪府、積水ハウス、大阪府住宅供給公社の３者による関西電力等に対する本格的交渉が再開した。

今回は具体的に低層戸建住宅地における電線類地中化の実施ということもあり、関西電力も一般論の議論ではなく、低層戸建住宅地における問題点等を列記して実施の困難性を主張してきた。ここに関西電力の主張を紹介すると、

①コモンシティ星田が特別な地域であることの社会的合意が困難。

電力会社として戸建住宅地に幅広く地中供給すると、多くの需要者にできるだけ安価な電力を公平に、安定して届ける使命を果たせない。

②戸建住宅地での地中供給は、経済的にも問題がある。

1) 新規開発地では造成に合わせて工事を実施するので、工事費は安価でで

表１　経済性の欧米との比較（万円/m）

	日本での方式		欧米での方式
	1.2m で埋設 アスファルト舗装	0.6m で埋設 アスファルト舗装	0.6m で埋設 タイル敷設のみ
造成時の初期工事費	5.9	4.5	4.5
完了後の再工事費	9.3	7.3	4.5

（注）欧米でのタイル敷設は、掘削時にはめくるだけ。
資料提供：関西電力㈱

きるかもしれないが、完成後は既成市街地と何ら変わらず、その後の設備の維持・更新等の工事費は安くならず、使用する機器・材料等も信頼性を維持する点から都市中心部で使用しているものよりレベルを落とせず、安価で実施できない。

2) 地中化による建設時の増分工事費用を開発者が負担したとしても、後日の維持・修繕・更新等の費用を考えるとかなりのコスト増となり、電気料金原価を押し上げる要因となる。

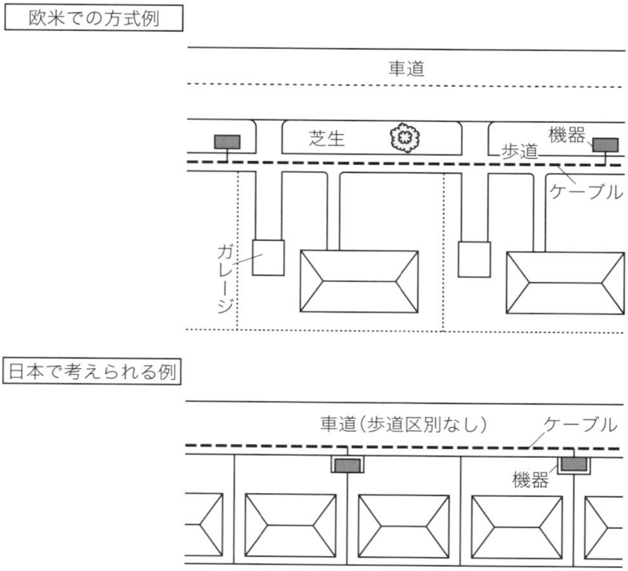

図 4　欧米での方式例と日本で考えられる例

表 2　年間販売電力量当たりの経費比較

	地中供給		架空供給
	増分を負担金で回収しない場合	増分を負担金で回収した場合	
年経費／年間販売電力量	16	4	1

（注）　コモンシティ星田と同様なＫ住宅（低層住宅約 700 戸）での初期建設費からの試算例。数値は架空 1 とした比率。

資料提供：関西電力㈱

(2) 電力会社との粘り強い交渉が奏功

ここで、その後の開発者と関西電力の新規開発地（特に低層戸建住宅地）においての全地中化を実施した場合の問題点と対応の考え方等についての交渉のやりとりの一部を紹介する。

a. 開発計画変更や将来の需要変化に対する対応の困難性がある。

►関西電力

[1]新規開発地では当初の計画に対し、用途や需要形態が変更される場合がある。

・開発着手から入居までに数年ないし 10 年程度かかり、その後の景気変動や見込み違いにより売れ残りが発生し、用途や区画変更が行われる。それに伴い設備の移設等が頻繁に発生し、物理的・経済的ロスが大きくなる。

・入居者が入居後、予定を変えて別の用途や電力需要を要求する懸念があり、その際には計画的に敷設した設備の容量変更等が発生する。

[2]入居が完了するまでに発生する臨時電灯、電力への供給が困難になる。

・地中化された地域では電柱がないので、臨時申し込みに対し地中設備から供給しようとすると、機材の調達や工事に長時間を要する。また道路掘削が必要になり、工事費も高価なものになる。

[3]宅地内に敷設する電線路のスペース確保が難しい。

・架空線引き込みの場合は、宅地内の上空占用設備の新設・移動は容易であり、地中の場合はその都度掘削を伴い地表面も占用する。その工事範囲が当事者の宅地内のみであれば問題はないが、第三者の宅地にも範囲が及ぶ場合はトラブルが発生しやすい。

・このようなケースは、個人権利意識の強い我が国においては、開発当初売買契約等で規制をかけたとしても、転売等でなしくずしとなり電力会社がトラブルに巻き込まれる。

・一方、アメリカでの住宅地における電線類地中化方式（URD 方式[注1)]）では、地役権といったスペースの提供により供給ルートが確保されているが、一般的に各敷地面積の小さい我が国においては、様々な形で土地が活用されており、緊急時に支障となる。

4将来の需要増や用途変更、区画変更、住宅形態の変更等に対する対応が困難になる。

・一般に住宅の需要は3kw程度であるが、クーラーの増設や温水器があれば、負荷は一挙に2～3倍になる。さらに動力が新設されれば新たな低圧線や引込み線の建設、変圧器の設置が必要になる。このような場合には、ある程度まちなみの完成した後での地中線の新たな敷設や機器の設置は容易ではない。

・住宅の建替えにより、出入り口が変わり、それまでの引込み管路や機器設置場所が支障になった場合、電柱のように簡単ではなく、前後の管路のやり替えやケーブルの引替え、機器マンホールの移設が必要になる。また、1区画が分割されて売りに出された場合も同様となる。兵庫県芦屋市の六麓荘では昭和初期より地中供給を行なっており、180軒の住宅地であるが、このようなトラブルが1～2件/年発生しているとのこと。

►**大阪府**

1の回答

住宅の用途変更や区画の変更に対しては都市計画法による地区計画制度や建築協定などで制限することにしており防止できる。

2の回答

今回の開発は事前に住宅等の建設・入居計画を定め、それに基づき計画的な開発を進めることとしており、臨時の電力需要が発生することは少ないと思われる。

3の回答

電線路のスペース確保については、それに応じた土地利用計画を策定することにより対応が可能と思われる。当地区は計画的な宅地開発であり、電線の地中化工事は宅地造成等と合わせて実施できると考えている。

4の回答

1と同じ

b. 事故時のセキュリティ確保が困難である。

►関西電力

1住宅地はエリアが面的になり、地震時、災害時に長時間停電が発生する。

- 都心部で進めている地中化は、路線単位の線としての地中化であり、交差路や裏道には災害時に対応力のある架空設備が隣接している。
  しかし、住宅地では面的な地中設備となるので、事故時は特定のエリアが長時間停電となり、社会的問題が大きい。（六麓荘の事故時の停電時間が平均３時間12分に至った事例を紹介される。）
- 設備の二重化や機器間の連繋により冗長化設備の建設は可能であるが、同一ルート箇所や常設予備箇所での２回線同時事故、また地震等による多重事故時には停電が長時間にわたる。（日本における９電力会社の中で、停電時における復旧時間が一番短いのは関西電力という誇りをもっている。
  ――架空設備の平均復旧時間…1.5時間、地中設備の平均復旧時間…2.7時間。）

2新規開発地では埋立地や切土・盛土で造成される場合が多く、特に地震に対して弱いほか、管路のずれ等により、ケーブルの損傷、引替え不能などの問題が発生する。（関西における埋立地での発生事例や宮城県沖地震の際のガス、水道管の破損事例とその復旧期間を紹介される。）

►大阪府

1の回答

既存の大部分は架空設備となっており、これに対する保全技術はすでに確立されたものとなっている。

したがって、地中設備と比較して事故時の復旧作業が短時間に処置できることは当然である。しかし今後、都市施設の基盤整備が進展する中で、電力線の地中化エリアも必然的に拡大する。電力会社の技術力を持ってすれば、短時間のうちに経済的で事故率の低い配電方式や合理的でスピーディな保全技術の開発がなされるものと思われる。

[2]の回答

同一条件下の敷地の中で、水道・ガス管は地中管となっており、それぞれの事業者の責任において供給が確保されている。

管内に液体や気体が直接流れる水道管やガス管に比較して、電力の場合は管路内に外装を施したケーブルを引き入れ保護しているため、より安全サイドにあるのではないかと思われる。

また架空設備は、地震や台風による倒壊、火災時（地震より頻度が高い）の消防活動の障害等総合的に勘案すれば、むしろ地中設備の方が安全性の面で優位にあるのではないかと思われる。

c. 建設、維持のためのコストが割高になる。

►関西電力

[1]地中設備は架空設備に比べて建設費が割高になる。

・都市中心部での地中化は、需要のほとんどが高圧なので、供給設備も高圧機器とケーブルだけの比較的安価な設備となる。しかし、低層住宅地では変圧器、低圧線、分岐箱等の低圧設備が必要になるので建設費が割高になる。

表 3　需要当たりの建設工事費

	工事費（万円）/MW		比
	架空	地中	地中 / 架空
都市中心部	510	5,640	11.1
低層住宅地	2,650	5 億 2,790	19.9
比（都市／低層）	5.2	9.4	—

（注）　都市中心部は大阪市内の四ツ橋筋、扇町線、谷町筋でのケーススタディの平均。低層住宅地はコモンシティ星田（ただし計画案提示前であったため、需要、街区形態が未定のため、想定をしたものである）での試算例。

資料提供：関西電力㈱

[2]地中設備は架空設備に比べて維持費が割高になる。

・架空線は空気絶縁であるのに対し、地中設備は絶縁物による絶縁であるため劣化があること、また架空設備は地上からの保守点検ができるのに対し、地中設備はマンホール内や管路内など保守点検に手間がかかり、維持費が割高になる。

表４　亘長当たりの修繕、改良費等

	架空	地中	地中 / 架空
亘長当たりの修繕改良費（万円 / km・年）	114	212	1.9
亘長当たりの要員数（人 / 10^3km）	43	140	3.2

（注）　亘長（配線経路のある２点間の実際の距離）は特高高低圧実数（1985 年度末）。修繕改良費は外内線（架空）と地中線の修繕費および設備工事改良費　（6KV ＋ 20KV）（1985 年度）、要員数は役職を除く（1985 年度末）。
資料提供：関西電力㈱

[3]増分の費用については申請者の全額負担という申し出もあるが、実際には全額は回収できない。

[4]将来の増設時や供給時の工事費が割高になる。

・建設当初は要請者が増分の工事費を負担するとして、将来の増設時や新たな供給があった場合、その工事費は割高になる。その時の申込者が増分費用を負担する保証はない。

[5]地中部分の先行工事費が割高になる。

・地中線による供給の場合、団地の開発初期の造成工事段階で管路工事を先行実施する必要があるが、将来の需要増を見込んで予備管路などの先行工事を実施する必要がある。この増分費用を将来の申込者が負担する保証はない。

►大阪府

[1]の回答

都心部の市街地で行われる地中化の方式を、新規に計画的に開発する住宅団地の供給方式にそのまま適用して、建設費の割高を議論することは適当でないと思われる。また架空設備に比し地中設備が建設費において割高になることは、ある程度止むを得ない。なお変圧器等の機器類については、市街地の地中設備に使用するものを必ずしも使う必要はないと考える。

[2]〜[5]の回答

費用負担等具体の事案については、今後の協議の中で解決策を検討したい。

以上のような経過をたどり、1988年2月ようやく具体的な実施計画案を基にした協議が始まり、関西電力も今までの事業主体とは違って、今回の開発事業者は真剣に電線類地中化に取り組むつもりであると認識を改め、1988年5月には社内にコモンシティ星田の電線類地中化の検討ワーキンググループを設置した。

具体的な協議が開始された際、関西電力の担当者の漏らした今でも忘れられない言葉がある。それは、「大概の開発業者は、最初は必ず電線類地中化を実施したいと言うが、関西電力が電線類地中化の困難性を列挙して説明すると、2～3回の交渉の後でほとんどが諦めてくれる。ところが今回は、中々引き下がらず、手ごわい相手であった！」という率直な感想だった。

1.2　電線類地中化の決定と工事の実際

(1)大阪府および開発事業者の決意等

開発事業者は大阪府住宅供給公社と民間の積水ハウスグループとの共同であり、それぞれが事業年度を決めてコンペの当選案に基づいた実施設計を行い、宅地造成工事の準備を進めた。この中で最初の事業を行なったのが大阪府住宅供給公社であり、電線類地中化のコストの低減のためにも宅地造成工事と一帯で行う必要に迫られていた。そのためにも関西電力の最終結論が早期に欲しかった。

一方積水ハウスは土地の引渡しが1988年の暮れであったが、戸建ゾーンを2期に分けて開発する計画であり、最初に開発するB1ゾーンが特に曲線道路の多い開発地でもあったので電線類地中化は必須条件であった。これら開発者の意向を受け、大阪府は積極的に関西電力への働きかけをオール府庁として行なう決意を固め、他部局の部長をはじめ副知事、知事へも応援要請を行った。

積水ハウスにおいても、社長をはじめとして担当役員も機会あるごとに関西電力の社長や担当役員に対しての働きかけを行った。一方で、担当者たちは関西電力の担当窓口の担当者や係長、課長など実務レベルの人達に対する働きかけを行い、上からも下からも、という２段階攻撃で、少しずつ突破口を開いていった。

1986年の関西電力との交渉開始より1991年の積水ハウスゾーンの２期工事のB2ゾーンの管路工事着手までの間、この電線類地中化の実施に伴う関係部局との交渉回数は記録で調べるとなんと50数回にも至っており、よくも粘って交渉したものであると感心している。

(2) 開発事業者と関西電力㈱等との決定事項および条件等

1987年秋の関西電力㈱およびNTT西日本宛への大阪府知事名による電線類地中化への協力要請に対し1988年８月および1989年１月にそれぞれの事業者から文書による回答があり、できる限りの協力はするけれど電線類地中化を実施するという確約は得られなかった。しかしながら、一歩前進ということから実施設計をもとにした交渉を行い、６月には幹線道路の電線類地中化を決定した。

また事業が最初のスタートを切る大阪府住宅供給公社のA2ゾーンについて、1988年８月にようやく関西電力サイドの方針が出て、完全電線類地中化は困難であり、高圧は架線方式、低圧は無電柱とするという折衷案が提示された。

一方積水ハウスのB1ゾーンについては、関西電力側の市場開発部から、この星田の開発の特殊性を訴えるためには、関西電力にもメリットをもたらすオール電化住宅等の提案がなされるなら会社内部を説得できるという示唆があった。これを受け積水ハウスも役員会議にかけ、この提案を受け入れる方針を出し、その代わり戸建住宅地における完全電線類地中化の実施を行なってくれるよう要求し、1988年９月に関西電力との合意に達した。

これらの方針を受けて10月には、大阪府、大阪府住宅供給公社、積水ハウス、関西電力、NTT他３者による星田西団地電力供給検討ワーキンググループが結成された。1989年の６月までに９回に渡る調整会議が行なわれ、各部署の役割

表 5　B1 ゾーンにおける開発者と関西電力の合意事項

建設工事費低減策	緑地帯への管路浅層埋設
	緑地帯および宅地切り込み部への機器スペース確保
	官民境界付近の宅地内にユーザー受電箱を設置
	ユーザー受電箱以降の宅地内配線はユーザー施設
設備運用・保全の確保策	管路埋設および機器を設置している緑地帯部分を自治体へ移管
	自治体による緑地帯管理
	ユーザー設備の自主保全
	地区計画、建築協定、売買契約による宅地分筆規制
電気の高度利用	大型機器に対応した屋内 200V 配線の導入
	厨房、空調機器の電化
	電気温水器の採用

分担、需要の決定、機器の設置位置、各埋設企業体の計画調整ならびに埋設調整および総合計画図面の作成等を行なった。その後 1989 年の整造成[注2)]にあわせて 7 月にはこのワーキンググループを発展解消して、大阪府住宅供給公社、積水ハウス、関西電力、NTT 他 5 者による星田西団地電力供給プロジェクトチームを結成し、延べ 24 回に渡る協議調整を行なった。さらに積水ハウスゾーンの 2 期工事に当たる B2 ゾーンにおいても電線類地中化を実施することになり、1991 年 1 月には大阪府住宅供給公社、積水ハウス、関西電力他 25 者による星田西団地 B2 ゾーン電力供給プロジェクトチームが結成され、電線類地中化の実施に取り組んだ。B1 ゾーンにおける開発者と関西電力の合意事項を表 5 に紹介する。

これに基づき、住宅地における一歩進んだ電線類地中化方式（A-URD 方式[注3)]）導入による設備の建設、メンテナンス等の問題が解決されると同時に、他のユーザーとの公平性も十分確保できたと関西電力は主張している。

図5　A2ゾーンに残る高圧架線

(3) A2、B1、B2ゾーンにおける電線類地中化の方式

事業主体の違いや開発時期の違い等により、各ゾーンにおける電線類地中化の方式がそれぞれ異なっているが、基本は関西電力がA-URD方式（表6参照）を開発して実施している。その概要については以下に紹介する。

特にA2ゾーンは、大阪府住宅供給公社が事業主体であり、住宅供給時期が定められていた。そのため、関西電力側の結論が遅れたことにより、(2)項に述べたように折衷案での結論を受け入れざるを得なかったが、後から振り返ってみると、関西電力側の他地区への電線類地中化の要求の波及を恐れた主張に対し、本来高圧でも無電柱化できるものを架線方式で妥協してしまったことを悔やんでいるところである（図5参照）。

一方積水ハウスのB1、B2ゾーンにおいては、開発時期に違いがありコストの縮減からA-URD方式に多少の違いがあり、B2ゾーンは幹線道路にユーティリティトラフを敷設し、そこに電力・通信の各単独管路を一体収納している。

1.3　電線類地中化の課題と住民の評価等

コモンシティ星田の住宅地における電線類地中化は、開発者の熱意と大阪府の支援等によりようやく実現できた。これまでに至る経過については関係したものにとっては、本当に茨の道ばかりであり、何度も諦めようとしたものであったが、21世紀の住宅地として景観形成の面から見てこれでよいのかと言い聞かせ、再度決意を新たにして電力会社の厚い壁に向かって突進をしてきただけ

表 6　A-URD 方式の概要

電力設備に必要な品質	適用に当たっての問題点	対応策	具体的対応方法
良質な電気の供給（Quality）	電力供給設備が隠蔽化されており事故時の復旧に長時間を要する	架空方式と同等の信頼性を確保できる系統の構成	・高圧、低圧系統ともにループ系統とし、万一の事故時に切り替えにて送電可能
		保守点検、緊急作業のための保全スペースの確保	・保全性を高めるため、機器類を地上に設置
低廉な建設コスト（Cost）	土木工事や特殊機器の設備を伴い建設コストが高い	機器設置スペースの確保	・宅地フロントヤードの公共緑地帯に機器を設置
		機器のコストダウン	・住宅地の負荷特性に合わせた経済的設計
		管路工事費の低減	・緑地帯浅層部への管路埋設 ・街路工事と管路工事の同時施工
		ユーザーの電気高度利用	・電気温水器、電気厨房、空調機等の 200V 機器の導入
需要変動への迅速な対応（Delivery）	設備変更が困難であり、ユーザーの需要変動に対して電力供給の弾力性に欠ける	需要変動による繰り返し工事防止のためのユーザーとの合意形成	・地区計画、建築協定等による宅地の分筆規制
周辺環境への適用（Safety）	既存システムを適用した場合、周辺環境のアメニティを阻害する恐れがある	地上占用物件の集約	・変圧器と開閉器の一体化設計 ・電力、電話、CATV 等の端末設備を一体収納したユーザー受電箱の開発適用
		機器のコンパクト化	・住宅地の負荷特性に合わせた小型化設計
		ストリートファニチャーとインフラ設備の一体化	・フラワーポットと一体化したユーティリティトラフの開発適用

資料提供：関西電力㈱

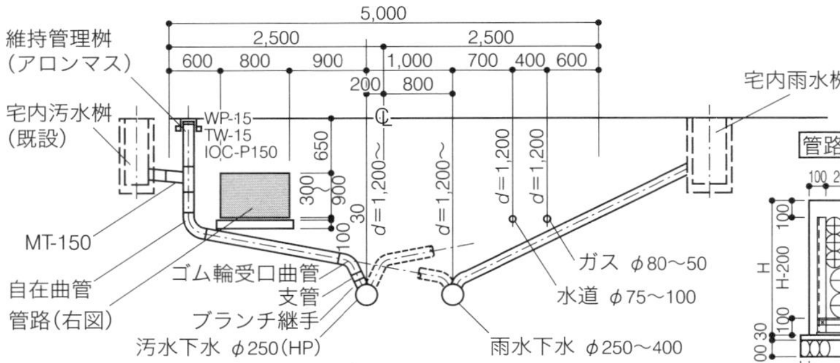

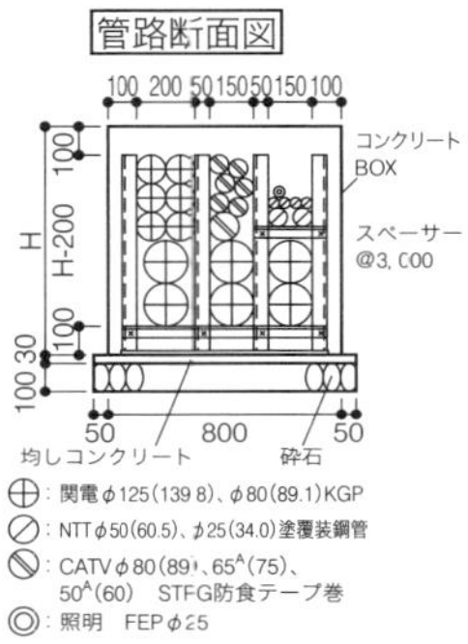

図６　A2ゾーンの区画道路の標準断面図（単位：mm）
右の管路断面図のように、コンクリートBOXに管路を一体収納している。

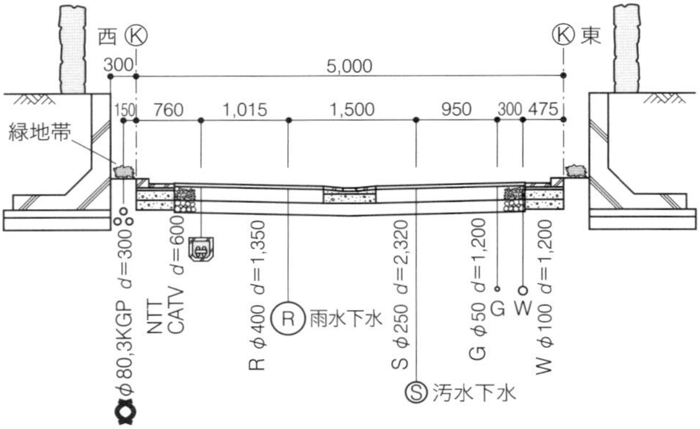

図７　B1ゾーンの区画道路の標準断面図（単位：mm）
電力管を緑地帯へ浅層埋設している。

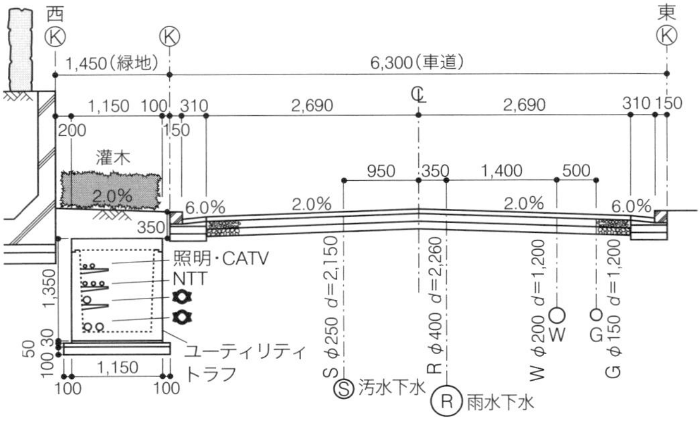

図８　B2ゾーンの準幹線道路の標準断面図（単位：mm）
左側緑地帯の下にユーティリティトラフを敷設し、そこに各電線管路を一体収納している。

図9　B1ゾーン電力系統の概要

に、完成した住宅地を眺めて、改めて電柱のない住宅地の視覚的な広がりとゆとりが何ものにも代えがたく、まちなみのすばらしさに感動している。

積水ハウスはオール電化住宅という切り口で電線類地中化を試みたが、やはりコストの障害は大きな課題であった。大阪府として電線類地中化を構想した当初の想定概算費用としては、1戸当たり1坪程度の土地単価の価格に収まるならば、是非とも試みるべきであるとの考え方から出発した。

結果的に見ると、コモンシティ星田は戸建と集合住宅のミックス開発であったために戸建住宅だけの正確な積算ができず、電力、電話、CATV、街灯電力の四つを地下埋設しており、平均としての概算ではあるが、積水ゾーンだけを見ると250万円強/戸程度であり、戸建住宅ゾーンであるB1ゾーンを概算的に

図 10　電柱・電線のない美しいまちなみ

想定すると、400 万円弱 / 戸程度ではないかと思われる。

また開発時期が遅れた B2 ゾーンは、集合住宅の比率が高いため、費用の算出は難しく、配分比例的に算出すれば、関西電力をはじめとして機器メーカ等のコスト縮減の努力もあり、UT（ユーティリティ）トラフの導入等で戸建住宅ゾーンは B1 ゾーンに比べて約 20％弱のコスト縮減がなされているのではないかと思われる。電線類地中化を実施する結論が出てからは、関西電力の技術者たちはこれまでの消極的な姿勢から一転して、このコスト縮減に向けた手法や機器の開発等に積極的に取り組み、少しでも安価な手法がないかなどを真剣に検討してくれ、さすがに「組織の関西電力」であると再認識をした。三つのゾーンで少しずつ方式が違っているのは、これらのコスト縮減の経過によるものであり、多分現在ではコストについてはかなり改善されていると思われる。

電線類地中化については、住民アンケート調査でも圧倒的に高い評価を得ており、中でも他の地域からやってきた人達から「あなたの街はとてもすばらしいわ！」と言われて、自分の街のすばらしさを改めて再認識したという感想が述べられている。

一方、オール電化住宅に対する住民の評価は、入居当初電気料金が高く付くという意識があり、各居住者は積極的に節電に努めたようでもあり、また深夜電力料金の想定外の安さもあって、従前のエネルギーである電気、ガス料金等の合計額と比較しても何ら遜色はなく、むしろ安くなっている家庭が多いという評価であった。ただ、電磁調理器については主婦たちにとって、慣れないせいによる戸惑いと中華料理が上手くできないということ、また調理機器の種類の少なさと高価なことなど、不満の声も良く聞く。関西電力もアフターサービスとして入居当初よりコモンシティ星田の商業ゾーンの一角に「すまいるプラザ」を設置して（現在では撤退している）、機器の上手な使い方、料理講習会、電気利用等の相談に応じられる体制を準備した。その後電磁調理器も多くのメーカーが開発に取り組み、様々な種類も市場に出回り、鍋類についても多くの種類が販売されるようになり、電気はクリーンなエネルギーとして評価を高め、特に主婦にとって夏場の調理場の熱による暑さが感じられないという長所や、高齢者への安全等の評価もあって、今ではオール電化住宅は一般的になりつつある。

このような電線類が地中化された街が、その後なかなか出現しないことは残念であるが、少しでも早く出現するよう強く待ち望んでいる。

注

1） URD 方式：Underground Residential Distribution の頭文字をとったもの。地中配電方式。

2） 整造成：宅地造成には、道路等のインフラ整備等を中心に行い、各宅地の擁壁等を行わず荒い造成で済ます荒造成と、各宅地の擁壁等を整備して、すぐにでも家が建てられるように造成する整造成の二つがある。

3） A-URD 方式：Advanced Underground Residential Distribution の略語。住宅地専用仕様で構成し、宅地造成段階から施設条件等について開発者との間で合意を形成のうえ適用される全地中配電方式。

事例 02
住宅地

▷六麓荘（兵庫県芦屋市）

80 年間、住民が守り育てた日本初の無電柱化のまち

山本　勇

2.1　六麓荘の概要

六麓荘《ろくろくそう》町における電線類地中化の特質は、昭和初期の開発時に民間の開発者によってその構想が決定され、多くの困難を乗り越えてそれを実現し、現在もそれが守られている点にある。

(1)歴史、成り立ち

兵庫県芦屋市六麓荘町はよい環境と景観が守られた芦屋市内で最も優れた高級住宅地という地位を保って、今日に至っている。

その歴史は旧幕府の直轄領であった芦屋村が 1871（明治 4）年兵庫県に組み込まれ、1889（明治 22）年、芦屋村を含む 3 村が合併し六麓荘を含む精《せい》道《どう》村が生まれた。

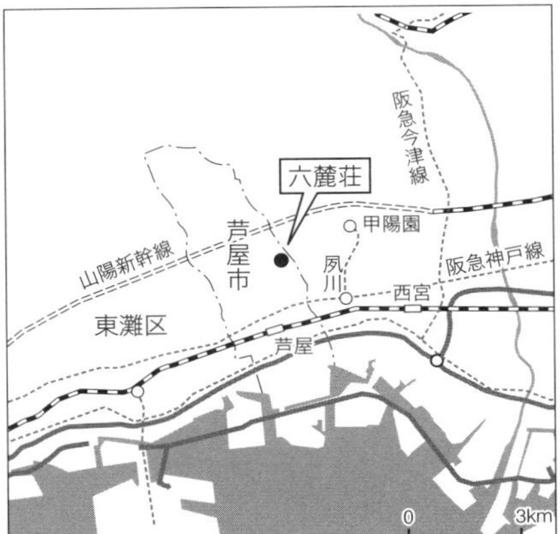

図 1　六麓荘町の位置

精道村は、日本の近代経済機構の形成につれて目覚ましく発達した大阪、神戸の 2 大都市に近く、都市近郊の環境に恵まれた住宅地として注目された。大正から昭和にかけて交通機関の発達とともに、農村から広壮な住宅街へと変貌していった。

1928（昭和 3）年に、「株式会社六

麓荘」が設立された。六麓荘の開発は当初から山道を幅 6m 以上とし、ガス、水道のみならず電気、電話を地下に埋設するという大構想の下に住宅地の造成が進められた。

(2) 立地・エリア・広さ・長さ

六麓荘は兵庫県芦屋市六麓荘町に所在する。現在の六麓荘町は開発当初の六麓荘に一部南西部の隣接地域が組み込まれており、広さは約 38ha である。六麓荘町南西部の地域では電柱・架空電線が見られることから、電線が地中化されている範囲は開発当初に国有林から払い下げを受けた約 30ha、電線類地中化の延べ長さは約 4.5km と推定される。

図 2　六麓荘町区域図　区分は建蔽率、緑化率等による

「六麓荘」という地名は風光明媚な六甲山麓に位置する高級別荘地という意味である。昭和初期の開発関係者が東洋一の立派な別荘地をつくろうと企画、開発が始まった。そこで電線の地中埋設化も決められた。㈱六麓荘に出資した人たちの資金によって開発が進み、投資した一部の人達がここに住居を定めたのが始まりである。出資者の多くは大阪の経済人で、一人は民間鉄道会社の社長であった。

図 3　現在の六麓荘町

2.2　景観形成と電線類地中化の取り組み

(1)背景

a. 六麓荘町の町内会と地区計画

1928（昭和3）年の開発当初から最近に至るまで景観の形成とまちづくりは完全に住民の意志と努力で行われ、財政的な支援を含め原則として行政の関与はなかったと言える。開発地域内においては居住者の私有地を除いて、全ての道路・公共建物（交番など）は開発者である㈱六麓荘が所有。この会社は町内会の機能もかね、景観などの保持に努めてきた。

図4　開発前の六麓荘

図5　1973（昭和48）年ごろの六麓荘（緑の多い部分）

戦後になって町内会が作られ住民が守るべき六麓荘町会会則も定められた（町内会の結成は米軍がもたらした架空電線を地中化するための努力が契機となった)。その後、㈱六麓荘の財産は町内会に移されたが、町内を走る道路などの土地は、六麓荘町内会が法人化され有限会社となっている六麓荘土地㈲が支配経営している。なお、六麓荘土地㈲の社長は町内会長が務めている。

下水道等の整備をきっかけに、町内の道路は十数年前から行政による表面管理が実現し、現在は道路の底地権は町内会が持ったまま市道となっている。したがって市道といえども、行政が手を加える場合には町内会会則に則って、底地権を持つ町内会の意向に沿わなければならないルールになっている。六麓荘町町内会会則にうたわれている目的は「環境、風致の保全と街の健全な発展および治安、会員相互の親睦」となっている。

近年、六麓荘町の周辺地域でミニ開発の動きが活発化し、同町内でも大きな敷地が乱開発されたり、樹木のない小区画の住宅が建つなどしている。そこで、まちが変わってゆくという住民の危機意識が高まり、住民だけの紳士協定によるまちづくりの限界が論じられ、2003年になって芦屋市の指導助言を得ながら地区計画制度の研究を開始し、2006年に住民案として六麓荘町地区計画条例化案を市に提出、都市計画審議会で承認、市議会可決を経て六麓荘町地区計画が条例化された。条例が制定されても町内の共有地（道路など）の底地権は町内会が持っている点に変わりはない。

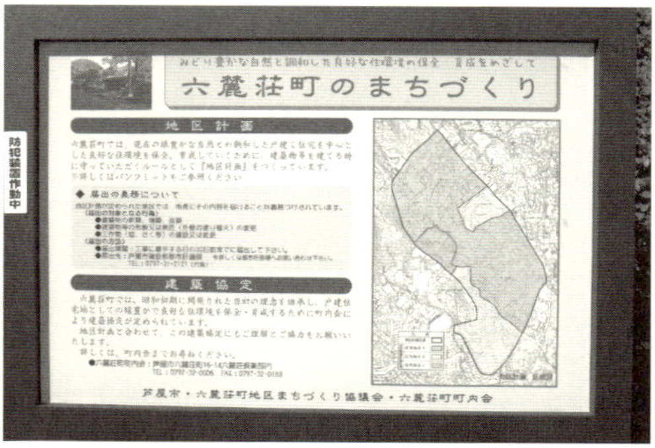

図６　町内掲示板

b.六麓荘町建築協定

六麓荘町は景観保全のための町内会会則を制定し、行政と異なる視点から協議する仕組みを持っている。この会則では法の遵守は当然のこと、法の精神に反する脱法建築の防止に努めている。六麓荘町建築協定には法律とは別の条項が盛り込まれており、これの遵守に務めている。

図７　販売中の分譲地

六麓荘町会会則（六麓荘町建築協定）と前述の条例に基づく芦屋市の計画（六麓荘町

地区計画）とは独立して並存している。建築物の新築および増改築時の届出の流れを例にとると、その関係は図８の通りとなっている。

(2)電線類地中化の経過

六麓荘の開発当時（1928（昭和３）年頃）の土地分譲要綱には景観、電柱・電線の地中化に関して次の記述がある。

「電燈・電熱は電話と共に地下線とし、自然の風致を損せざるやう電柱の乱立を避け、且つ非常時に安全を期する為、此亦多大の費用を掛けまして地下埋設としました。電話は六麓荘独特の地下線で我国住宅経営地で初めての試みであります、風雪の際故障の惧なく又故意に切断せらるゝの憂なく、並列の柱を見ざる快感は実に風光明媚と相俟って他に其の類を見ざる處であります、尚電話は芦屋局に属して普通区域となって居ります。道路舗装：荘内道路の幹支線共全部を滑らぬ粗面コンクリートにて舗装を施し、両側に緑芝の歩道を設けて道路の完全と美観とを併せて保有せしめたる事は、六麓荘の誇りとする所であります。…中略… 以上の如き風光明媚の健康安住地にして、然も隠れたる處に巨資を投じ、文化的施設を完備したるものにして斯かる廉価の土地は殆んど其例を見ないのであります」（『芦屋市六麓荘四十年史』からの引用）。

戦後、六麓荘では電線の地中化維持に関して大きな危機が訪れた。この危機を乗り越えたからこそ今の六麓荘がある。再び『芦屋市六麓荘四十年史』を引用する。

「(戦後）進駐軍が来て方々に電柱を立てたりした。…中略… 進駐軍がＨ国際ホテルの跡を接収して特別に電気を引くわけだが、われわれの方

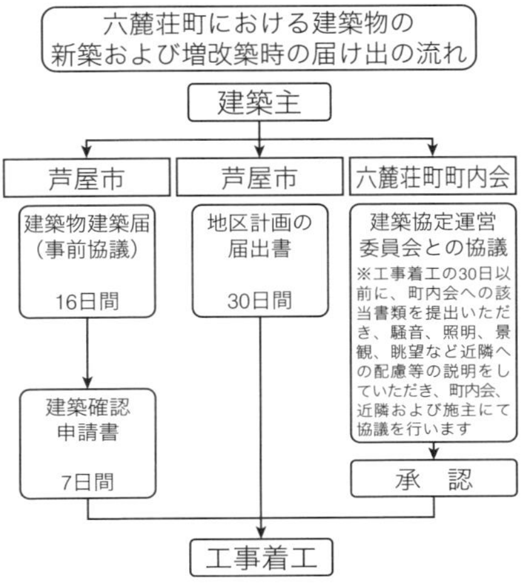

図８　建築時の届け出フロー

は時間給とか、いろいろ制限されていた時であったから、その電柱からあっちこっちの家が電気を引き入れることが流行って来た。進駐軍なんて応揚なものだから、皆がサインを貰って進駐軍の電柱から電気を引いたので、そこで電柱撤廃という問題が起り、撤廃すれば元の制限電気に代ってしまうが、このままおけばいくらでも使えるという――二派が当時出来たわけです」。

「27年（昭和）以降に六麓荘に進駐軍が来たとき昼夜線をこしらえて路上にも電柱を立てた。そのときは観念していたが、進駐軍がのいたらそれを取って貰うためお世話する人がなく、見ながら放っておいたら、新しい家が、その電柱から動力線を入れたりしたので、…中略… 昔の隣保の方々が憤慨されて六麓荘がこのようになって了っては私らの印象がまるで違って来るから、何とかして取り払おうというので …中略… 関西電力に抗議して昔のようにみな動力線を取ってくれ―というので皆さんの御同意を得、…中略… 関西電力に送った。そうしたら六本ほど立っていたのを一時にみな取ってくれた。一本が二万五千円の費用だったが全部、取り払ってくれました」。

その後のある時期から何かの事情（電気容量等）で街灯の電気配線が架空になっていたが、1994年、道路の所有権と管理権をめぐる芦屋市との長年の裁判で示談が成立した結果行われた大規模な道路掘削工事（下水管、雨水管、老朽化した容量不足のケーブル埋設管の更新）の機会に街灯の架空配線も完全に地中化された（1994年に完工）。

(3)手法・主体

㈱六麓荘の「発起人は今日見るような金儲け第一主義の単なる宅地造成、住宅分譲というのではなく、この地を東洋一の別荘地たらしめようという大理想のもと、今日から考えても驚くような遠大高邁の青写真を描いていた」。「開発造成に当たってはアメリカやヨーロッパのあっちこっちを見たが最終的にはイギリスの租借地である香港島の南側、白人専用の租界がモデルとして一番良いということになった」。「まず電気を一カ所に集め、個人の家に送るケーブルを作り、ガス、水道、電話一切を地下に埋めた」。当時、「このような理想的な町は恐らく日本中何処を捜しても他にはないのではないかという目標で理想境をつくろうと自分たちの金をまとめて開発した。だからその頃の芦屋の町役場には全然お世話にはなってないというわけです」（『芦屋市六麓荘四十年史』からの引用、要約）。

(4)開発時の行政の関与

「六麓荘は住民が資金を出して山地に道路をつけ、いろいろ開拓をしてきたが、そのことに芦屋市は一切、資金を出していない。住民がやったために土地が良くなり固定資産税は非常に上がっている。市が資金を出さずに、住民が固定資産税（1973（昭和 48）年当時で７～８千万円）を払っている。固定資産税は支払いながら、建設事業費は一切税金を使っていない。（『芦屋市六麓荘四十年史』からの引用、要約)」。

このような意見がある一方、市が関与すればいろいろな思想が入り込んでくるから理想は守れないではないかとの危惧があったという。多くの議論を経て現在は、道路の底地権は町内会が持ったまま市道となっている。市道といえども、行政が手を加える場合には町内会会則に則って、底地権を持つ町内会の意向に沿わなければならないルールになっている。

(5)開発当時の地下埋設技術

開発当時（昭和初期）の工法については施工風景写真（図９～11）を参照願いたい。

電気、水道、ガスの配管は素掘りのトレンチに直接埋設されている。深度は1m 程度。電話と下水道もそれぞれ独立した素掘りのトレンチに直接埋設されている。深度は同じく 1m 程度。当時としてはこのような工事事例がないため試行錯誤の努力が伺える。

(6)コスト

断片的な資料であるが、参考までに取りまとめる。

- 開発当初の払い下げ山地面積：30ha（約91,000坪）
- 購入単価：1円/3坪
- 開発時の道路・下水など整備予算：13～15円/坪
- 地中電線路延べ長さ：約4,500m（推定）
- 道路など現在の共有地面積：3万7,082 m^2(約11,200坪)
- 開発当時の宅地販売総面積：26万2,918 m^2（約79,700坪）
- 開発当時の宅地販売価格：平均約50円/坪

電線の地中化を含め、開発にかかわる費用は100%民間開発者（住民）負担であった。現在でいうところの、要請者負担である。

図9　地下埋設工事

図10　電話地下配線工事

図11　下水道工事（1933（昭和3）年）

(7)苦労したこと

電柱・電線の地中化のみならず、町の景観保護は理想を目指すリーダーシップと地域（住民）の賛意が重要であり、これが壊れると簡単に景観が壊れ、電柱が立ち始める。理想を目指した企画によって達成できた電柱・電線の地中化だが、その後の年月の中で景観・環境を守り続けることにもまた苦労が多い。理想を守るためには、原則として行政に頼らず自身の力でそれを実現する強い意志の結集が必要である。

四十年史には次のような記述がある。

・開発当時から「家を建てるなら松を切るな、建てるところだけ切ってそれ以上は松を切るな」というて回っておられた。

・1952（昭和27）年進駐軍によって電柱が立てられた。その電力を利用しようと新しい家がその電柱から動力線を取り入れたりした。その電柱を撤去する運動を起こし成功した。進駐軍により立てられた電柱を撤去する運動がキッカケで町内会が組織された。

2.3　電線類地中化の成果

芦屋市は過去一貫して国際文化住宅都市として発展してきた珍しい都市である。1973（昭和48）年当時の世論調査では芦屋市の住み心地を見ると「大変良い」「良い」を併せると45.9%、「普通」を加えると92.4%、ほぼ全員が一応満足している。芦屋市北部の芦屋川の自然堤防上を中心にした居住住宅専用地域は良好な住宅地が立地し、高級住宅地といわれているが、その中において六麓荘町は最も秀逸な住宅ゾーンであることは自他ともに認められている。

ローマは「一日にして成らず」の歴史のように今日の六麓荘町も決して一日にしてなったものにあらず、先人、先見の士が営々としてその良き伝統を相次ぎ、相うけてこの理想郷を形成された。

(1)まちなみの状況

六麓荘町は、景観が美しい、住み心地の良い立派な理想的なまちづくりを目指して開発が始められたが、それを達成するためには電線の地中化が不可欠であった。電柱・電線が乱立するまちでは理想的なまちづくりはありえない、との基本的な認識でまちができ上がっている。電柱のない・電線が地中化されたまちが理想的なのではなく、電柱のない・電線の地中化は立派なまちの基本であるとの考えでまちなみができている。

(2)住民意識

住民意識は六麓荘町町内会ホームページの「六麓荘の建町精神」によく表れている。

「六麓荘が現在あるのは、町を興した先人達の高邁な理念の賜物です。そして彼らの熱い思いが脈々と伝承され、まちづくりに生かされているのが六麓荘の強みです。

単なる金儲け主義ではなく、自分たちが理想と考えた町をつくり、そこに住みたいという純なる発想の出発が良かったのでしょう。どこにでもある町ではなく、どこにもない町を、しかも東洋一の町をつくろうという気宇壮大であったといえましょう。そこには深い思い入れやこだわりが感じられ、一身をなげうって、まちづくりに邁進した彼らの姿が浮かびます。

広い道路や広い敷地区画はその気宇壮大さの象徴ですし、六麓荘のロゴマークや今も町内に残る十の石橋などはこだわりや思い入れの象徴といえます。そ

図12　六麓荘町

して根源にある思想は、自然環境と人の営みとの調和ではなかったかと思うのです。

そんな町の生い立ちからか、六麓荘の住人には自然を愛し、“住”を大切にする人が多いようです」。

(3)資産価値

その中にあって六麓荘は先述のように芦屋市でももっとも高級な住宅地として知られている。その評価は電線が地中化されているからだけではなく、環境・景観を守るために「宅地を一定以上に細分化することは禁止」というルールがあり、そのルールが真の価値を守っているといえる。

2.4　六麓荘から学ぶこと

(1)架空電線を許さないという意識

図 13　六麓荘町ロゴマーク

図 14　石柱

六麓荘の住民の大多数は電柱・電線の地中化は当然のこととして受け入れている。しかしながら六麓荘においても一部で架空電線が見られた時期があり、それを許さない意識が常に存在していたことが重要である。

我が国においては何事においてもその価値を金銭で図ろうとするためであろう。気を許せば電柱・電線の架空化の圧力が常にかかるのが現実である。

(2)他の街へのメッセージ

六麓荘が他の街へ電線の地中化のメッセージを直接発信していることはないが、隣接する街（地区）が六麓荘に習って電線の地中化をしたいという強い希望があると聞く。その地区の住民意識の結集と関係者の協力が必要である。六麓荘の電線類地中化から学べることは、環境・景観を守るためにはその検討過程で金銭的な費用対効果や資産価値を検討するのではなく、金銭では把握できない真の価値観を確立することが重要だということである。

(3)これからの電線類地中化のあり方

六麓荘における電線の地中化は、豊富な資金、高遠な理想とそれに賛同した住民意識によって実現した。これはどこにおいても可能ということはないかもしれない。たしかに官民一体となって安全を保証し、かつ簡易な地中化技術の開発が必要である。しかし、六麓荘で電線類地中化は常識であるという住民意識が育まれたように、電線類地中化を常識とする社会構築に対する努力が求められる。

参考文献

・加藤龍一編『芦屋市六麓荘四十年史』芦屋市六麓荘町町内会、1973 年
・芦屋市六麓荘町町内会ホームページ
・兵庫県芦屋市ホームページ

取材協力

・芦屋市都市環境部都市計画課（東実課長補佐）
・六麓荘町町内会事務局（弓山朝子事務局長）

事例 03
歴史的市街地

▷今井町（奈良県橿原市）

住民との協働で歴史を活かした住環境整備のなかでの無電柱化

NPO 法人電線のない街づくり支援ネットワーク

1993 年 12 月に奈良県橿原市今井町が重要伝統的建造物群保存地区に選定された。それ以来、市は住民と協力しながら地区内の住環境整備を進めてきた。とくに電線類の地中化については、まだ地区全域での実施になっていないので、今後整備を進めていきたいと考えている。

3.1　今井町重要伝統的建造物群保存地区の概要

(1) 今井町の歴史

今井の地名は 1386（至徳 3）年の興福寺一乗院の文書にみえるが、今井町の成立は戦国の世、室町時代後期の天文年間（1532 ～ 1555 年）に、この地に一

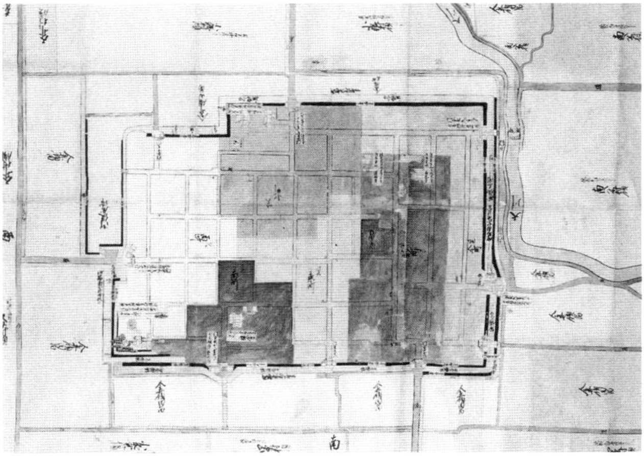

図 1　今井町古絵図

向宗本願寺坊主の今井兵部卿豊寿が寺内町を建設したことに発する。一向宗の門徒が、今井に御坊（称念寺）を開き、自衛上武力を養い、濠をめぐらし、都市計画を実施し、今井町が成立したといわれている。1680 年頃の古絵図（図 1）からは 6 町に分かれていて、濠をめぐらせ九つの門があったことがわかる。現在の南町生活広場には復元した南口門がある。図 1 に濃淡で示しているとおり東西南北と新町、今町という形で 6 町ができているのがわかる。また、この時点で町割りもほぼ現在と同じような形でできている。一部明治頃になってから道を新しくつけたという箇所が何カ所かあるが、ほぼ同じような形が現在も残っている。周りには環濠がめぐらされていたのが地図から見てとれる。

1568（永禄 11）年織田信長が、足利義昭を擁して上洛して以来、本願寺も反信長の旗を立て、寺を中心とした城塞都市の形態を整え抵抗したが、1575（天正 3）年、今井氏は明智光秀を通じ信長に降伏し、ことなきを得た。かくして、大坂（当時、以下同）や堺などとも交流が盛んになり、商業都市としての変貌を遂げ、江戸時代には南大和最大の在郷町となって、大いに栄えた。1679（延宝 7）年以降、天領となり、大幅な自治が認められていた。当時は金融業、古物商、酒造業、木綿業などの商業がかなり盛んであり、「海の堺、陸の今井」などといわれていた。今でも、造り酒屋が残っている。

(2) 地区の概要

面積は約 17.4ha、東西 600m、南北に 310m と全国の重要伝統的建造物群保存地区の中でも伝統的建造物の数では、最大規模を誇る町である。

この地区内に重要文化財が 9 件、うち 8 件は民家、残り 1 件が今井町の要といえる称念寺（図 2）である。ここは

図 2　称念寺

2002 年に重要文化財の指定を受けている。2010 年度から修理に入る予定で、完了までに 10 年くらいかかるといわれている。この他、県指定文化財２件、市指定文化財６件がある。伝統的建造物は 504 棟ある。

今井町地区に隣接した今井まちなみ交流センター（図３）も県指定文化財となっている。この建物は 1903（明治 36）年に建設された旧高市郡教育博物館で、1929（昭和４）年より約 30 年間今井町役場として使われていた。外観は左右対称で大和にふさわしい和風建築で、奈良県下では数少ない明治建築である。1995（平成７）年から今井まちなみ交流センター「華甍《はないらか》」として、１階は資料室、展示室、事務室、２階は講堂として開放し、今井町研修の拠点として、広く活用されている。

このように重伝建地区内に重要文化財などがこれだけたくさんあるところは、全国86カ所の重伝建地区では今井町だけであろう。伝統的建造物の数が約500棟あるのも、飛びぬけて多い。

(3) まちづくり

今井町のまちづくりに関しては、1971 年に現在の「今井町町並み保存会」の前身である「今井町を保存する会」が発足。1974 年に当時の会長であった称念寺の住職今井博道氏が提案して、現在の特定非営利活動法人全国町並み保存連盟が設立された。

図３　今井まちなみ交流センター

「妻籠を愛する会」「今井町を保存する会」「有松まちづくりの会」の３団体からの代表約 20 名が愛知県名古屋市有松の絞りの老舗の座敷に集まって誕生した。当時は保存より開発が優先した時代だったが、「郷土の町並み保存とよりよい生活環境づくり」をモットーに、小なりといえども住民初の“全国組織”をつくりあげた。(特定非営利活動法人全国町並み保存連盟ホームページより引用)

この連盟が1978年から開催している「全国町並みゼミ」(全国的なまちなみ勉強会)が2003年に今井町で開催され、全国からたくさんの人が参加して盛大に行なわれた。

1975年に文化財保護法の一部改正にともない、伝統的建造物群保存地区制度(伝建制度)ができた。

1978年には、文化庁と建設省(現・国土交通省)による総合調査(歴史的環境保全市街地整備計画)が実施された。余談であるが、その当時、文部省(現・文部科学省)と建設省が共同で何かをするということは珍しく、今井町は、それだけ、注目されていたのであろう。

これを受けて1984年に初めて橿原市に今井町保存対策補助金交付要綱を設け、修景の際に、上限500万円までの補助金が市から出ることになった。

1993年3月に、重要伝統的建造物群保存地区に決定された。それからは、修景への補助金の限度額はなくなった。補助金の算出基準は建物の各部位ごとに算出して積み上げていく方法をとっている。そのため、間口の広い家や角地の家などについてはかなりの補助金が出るようになった。今現在で約240件ほどが修理・修景している。

3.2　各種国費事業の取り組み

1989年から1992年度にかけて、初めて国から補助金をもらって整備した事業として、歴史的地区環境整備街路事業(歴みち事業)がある。図4「電線類地中化整備状況図」の中の ■ のアミで示した道路で、都市計画道路となっている。ここを4年間かけて、道路整備、電柱の美装化等の整備を行った。当初は、東西600mの真ん中に幅員12mの都市計画道路の計画があったが、1989年、計画の見直しを行ない、この道路を廃止し、外周へ変更した。地区内の最小限の

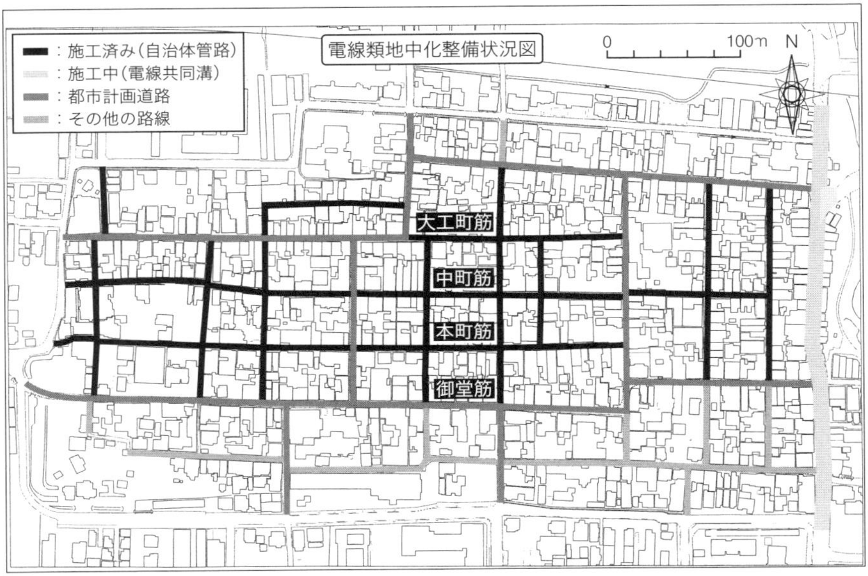

図４　電線類地中化整備状況図

図５　現在の環濠

道路網（8路線）については現状幅員で都市計画道路として計画決定を行った。この路線に関しては、電線類地中化の対応が間に合わず、道路整備を先行して行っている。

1993年度創設された国交省住宅局所管の街なみ環境整備事業の承認を得て、事業計画の策定を行ない、1994年に事業に着手した。整備内容は、生活広場としての公園を4カ所、生活環境施設として2カ所の住民活動センター的な施設（今井まちづくりセンターと今井景観支援センター）を新たに用地買収し、整備した。後者の2カ所は、古い家屋を修理して、現在、今井町町並み保存会の事務局、教育委員会の事務所（今井町並保存整備事務所）として活用している。その他、環濠の整備、水路の整備、電線類地中化などの事業整備を行ってきた。旧南口門（南町生活広場）の復元もこの事業で整備をした。

1995年から1998年にかけては防災事業を集中的に行っている。防火水槽や防災小屋、遊水池の整備などを実施した。2006年から2010年にかけて、まちづくり交付金事業として、おもにソフト面への補助金を受けている。2006年に発足したNPO法人今井まちなみ再生ネットワークの運営補助や活動補助としても活用されている。

2007年から2011年には地域住宅交付金事業の中で、小規模住宅改良事業として、今井東地区の飛鳥川堤防沿いの水路上に住宅があったため、雨水幹線整備ができなかったこともあり、地区内の空き家を利用した市営住宅を建設して、一部そちらに移ってもらった。この事業は、2011年度までを目処に進められている。現在は建物の撤去も終わり、水路の整備も完了している。以上の取り組みは、ほとんどが国費事業として整備が進められている。

3.3　電線類地中化の経緯

1988年の歴みち事業（歴史的地区環境整備街路事業）が始まる前に、電力会社に電線類地中化の実施を要請した。しかし、回答は、道路幅員が狭い、地上機器（トランス等）を置くスペースがない、費用負担についてほとんどできない、というものだった。このため、電力会社との合意は得られなかった。橿原市としても単費（単独費）で行うことは難しいということで、先行して道路整

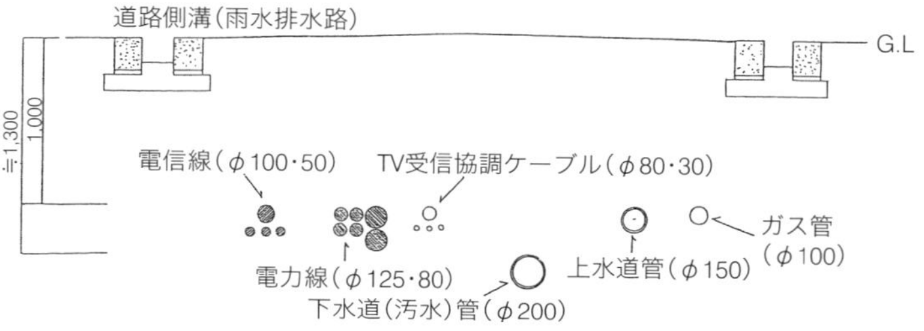

図6　道路の整備（断面図）

備が進められた。

1990 年は電柱の美装化（カラー化）だけは実施しようという方針で、電力会社に一部費用を負担してもらって進めた。また、道路を横断している引き込み線をできるだけ少なくする方法でも整備をしたが、現在は新たに電線がかなり増えて、整備の効果がほとんどわからなくなっている。

1994 年の街なみ環境整備事業で、電線類地中化が補助の対象になり電線類の地中化を実施することになった。

1995 年 12 月に自治体管路事業として基本協定を電力会社、通信会社と結び、1995 年度事業として工事を実施した。総延長が約 2.3km で、10 年かかった。2004 年 6 月に地区内の未整備道路の美装化および電線類地中化が完成した。

2005 年度から 2006 年度にかけて、㈶道路空間高度化機構が、今井町をモデル地区にして、地域合意形成に基づく無電柱化促進検討調査を実施した。これは電線類地中化が難しい路線への軒下・裏配線手法を用いた無電柱化の提案であり、今井町として地中化の推進についての住民合意は得られた。

2008 年度からは、今井東地区で電線共同溝による地中化が始まった。この事業では飛鳥川の河川敷の整備や歩車道整備も併せて行うので、今井町の玄関口である、東地区が大きく変わることになる。

3.4　主に自治体管路方式を採用

a. 自治体管路方式のメリット

電線類地中化の費用負担は全額要請者負担であり、橿原市が全額負担となっている。そのうち 1/2 は国費からの補助である。

工事においては、道路内の電線類とライフライン（水道管、ガス管、下水道管）を同時に埋設して整備する方法をとっているので、少々道路幅員が狭いところでも埋設することが可能である。

メインの通りについては、低圧分岐箱内蔵の街灯柱を設置して電線や電柱をなくし、路地については、新たにケーブル内蔵型の電柱を建ててトランスを設置している。各戸への引き込みに関しては、単独引き込み方式と家と家の境界に建てた街灯柱から電線を直接メーターに引き込むことで、立ち上げ管を少なくするという方法をとっている。これは、同時に２軒に引き込めるというメリットもある。また、長屋建ての場合は軒下配線にする方法をとっている。今井町は長屋建ての建物が多いということと、所有者も同じ人ということで協力を得やすい。これら以外に電波障害対策のための管があったので、それは単独引

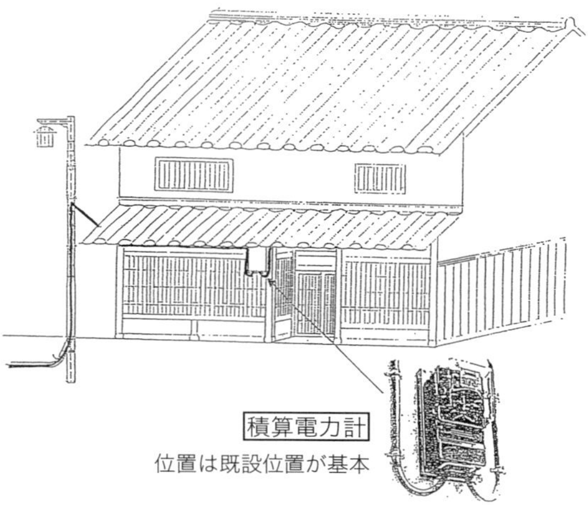

図７　各戸への引き込み方式①

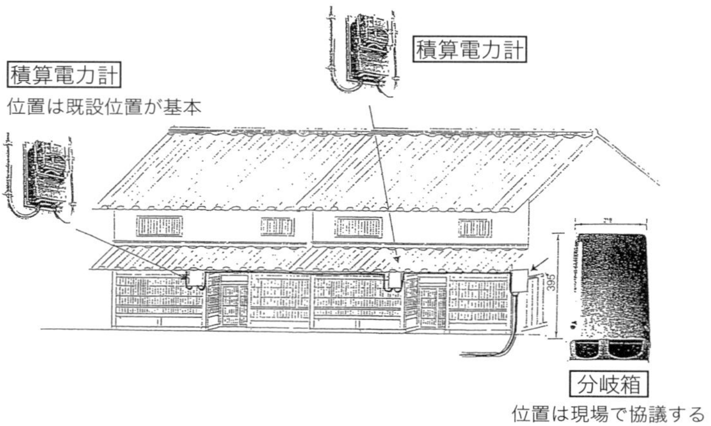

図８　各戸への引き込み方式②

き込み方式で立ち上げている。

ちなみに、この街灯柱は高さが 4m である。景観に配慮して、通常の街灯よりも低いものを設置している（一部は約 4.5m のものもある）。また、この地域は祭りでだんじりが通るので、上部の街灯部分の約 70cm が回転することも可能である。

b. 電線共同溝方式

もう一つの整備方式として電線共同溝方式がある。これも今井町地区は全額要請者負担として整備している。この方式では、通信管路はフリーアクセス方式を採用している。

c. 電線類地中化にかかるコスト

これまで進めてきた、電線類地中化に要する費用は、概算で 20 万円 /m である。これに道路整備を合わせると 45 万円 /m 程度である。国費の補助は 1/2 となっており、残りの 75%が起債対象になっている。これまでの街なみ環境整備事業費として総額約 20 億円となっている。今後

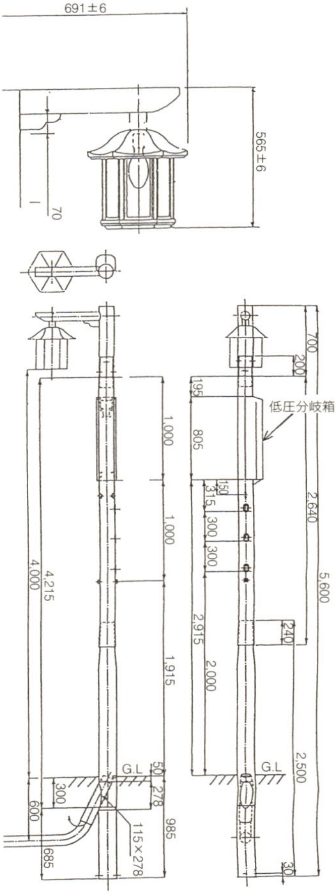

図９　街灯の仕様（単位：mm）

図 10　今井町のだんじり

については、地区内の無電柱化を推進させるために、事業期間の延伸を図っていきたい。

3.5 電線類地中化の問題点および今後の取り組み

(1)問題点

a. 工事費が高い

電線類地中化にかかる工事費が高いので、事業の進捗が遅くなってしまう。地区内の整備したところでは、10年もかかっている。

b. 工期が長い

電線類とライフラインが同時施工になるので、各ライフライン埋設業者や電線管理者との協議や工程管理などに日数を要するため、どうしても工期が長くなってしまう。また、水道やガスの支障移設工事とその復旧にも時間がかかるため、事業が進まない。例えば、年度初めの4月から事業が動き出しても、実際に工事着手に入れるのは10月というようになってしまう。

c. 住居建て替え時に変更が困難

地区内の住居を建て替える場合に、引き込み位置の変更が原則として困難である。この場合は、民地内に電線類を引き込んでもらって、その中で場所を移動してもらうようにしている。

d. 災害時の復旧

電線類地中化を整備した当初、トランスに落雷したことがある。その際に、影響範囲が特定できずに、復旧に時間がかかったことがあった。地震については、現在までの

図11　今井町のまちなみ（本町筋）

ところ、特に地中埋設物に被害は出ていない。

(2)今後の取り組み―既存の道路整備路線での地中化

地元住民の電線類地中化に対する要望は強い。そのため、工事の際に通行止め等をしても、住民は迂回するなど協力している。既存の道路整備路線での地中化については、現在の方法では技術的に困難であると言われていたが、先の無電柱化促進検討調査では、水道管とガス管を移設すれば技術的に可能と言われている。これには軒下配線や裏配線などの新しい手法を取り入れることが必要になってくる。この方法に従って、2010年度から今井町地区の都市計画道路である御堂筋について無電柱化を検討していく予定である。

今井町並保存整備事務所所長補佐（当時）の杉本佳史氏は、今回、東地区の電線共同溝の現場を担当して、管路の本数がかなり多いということを実感したという。一つの道路の中に管が電力系で最大17条もあり、また、引き込み管があればあるほどその数が増えることになる。これは、電柱から降ろしてくるケーブルの管路条数を加算するためである。図面上では何条と書いていても、現場で実際に掘削するときに、そんな条数が本当に埋設できるか、という大変難しい問題があると感じた。これと同じことを道路幅員の狭い今井地区内の道路で実施しようとするのは難しいかもしれない。今後、電力会社や通信会社には、配管の条数を減らすことと、保守点検用のハンドホールやトランスの小型化、設置数をできるだけ減らすことを要望していきたいとのことだ。

そして最後に、今井町の素晴らしい歴史的なまちなみを後世に残していくためにも無電柱化を推進していき、地域住民の方や、今井町を訪れる方々に満足していただけるよう取り組んでいきたい、と話しておられた。

取材協力

・今井町並保存整備事務所（杉本佳史所長補佐・当時）

事例 04
駅前再開発

▷あまがさき緑遊新都心（兵庫県尼崎市）

都市の再開発における土地区画整理事業・市街地再開発事業による電線類地中化

長谷川弘直・竹本俊平

4.1　あまがさき緑遊新都心と市街地再開発・アミング潮江

(1) 開発の背景

現在、JR 尼崎駅前は兵庫県東部の広域複合交通拠点として、21 世紀のまちづくりを先導する新しいダウンタウン「にぎわいと活気あふれる新都心の創造」を目標に、あまがさき緑遊新都心土地区画整理事業（地区面積 22.8ha）と JR 尼崎駅北地区市街地再開発事業・アミング潮江（地区面積 9ha）の合計 31.8ha で構成される二つの事業方式によってまちづくりが進められている。これらの事業は尼崎市と、施行者である独立行政法人都市再生機構西日本支社（以下、UR）が主体となって推進されている。土地区画整理事業の施行者は UR で、事業期間は 2002 年 1 月～ 2015 年 3 月、計画人口は就業人口約 8,000 人、居住人口約 3,300 人（約 145 人 /ha）となっている。一方の市街地再開発地区の施行者は UR、尼崎市、兵庫県住宅供給公社、民間による共同事業で総事業費は 230 億円となっている。

(2) 開発前の地区の現況と課題

当地区には JR 尼崎駅（以前は神前駅）から北へ通じる尼崎駅前 2 号線を挟んで東西にキリンビール工場が立地し、工場周辺には工場従事者やその家族の住居地と合わせて、商業施設や八百屋、酒屋、米屋、下駄屋、散髪屋などの様々な店舗が建ち並んでいた。

ただ、当時の写真（図 1 ～ 4）からもわかるように、住宅地は戦前からの木

図１　開発前の航空写真（出典：尼崎市新都市開発室緑遊新都心地区担当「あまがさき緑遊新都心土地区画整理事業の事業効果等に関する調査研究」2002 年 12 月）

図２　キリンビール工場（出典：同上）

図３　潮江本町商店街（出典：同上）

図４　住宅地に隣接する電柱の残る狭い道路
（出典：同上）

造低層住宅が建ち並ぶ過密密集地帯であり、建物の老朽化だけでなく、道路整備の遅れや電柱・電線の乱立により、阪神・淡路大震災に見るような防災面が大きな問題となっていた。さらには高齢化問題や、時代変化による商業の消費者ニーズへの対応といった課題があった。このような問題の解決、課題への対応と合わせて、都市中心の景観やアメニティの形成も早くから求められていた。

しかし、地区の権利関係が細分化・混合化しており解消整理することが困難であることなど、新しいまちづくりの阻害要因も少なからずあった。

4.2　無電柱化推進に向けたまちづくり

(1)無電柱化の推進

当該地区において兵庫県が進めるまちづくりの施策（2009 年度阪神南地域経営プログラムより抜粋）の四つの重点目標として、

・環境先進都市の創造

図 5　JR 尼崎駅周辺地区幹線道路再整備計画（出典：独立行政法人都市再生機構西日本支社尼崎都市整備事務所「あまがさき緑遊新都心「街にルネッサンス」パンフレット」）
尼崎駅を中心とする広域骨格道路だけでなく、連続する緑遊新都心地区やアミング潮江の都市計画道路も無電柱化として計画されている。

・魅力あふれる地域づくり

・産業雇用の活性化

・安全で安心できる温かい地域づくり

が掲げられている。この施策の中で「『快適に暮らせる生活環境づくり』の一つとして、ヒートアイランド現象や大気汚染、環境阻害などの都市環境の改善を図るため、電線共同溝や歩道リニューアルなどといった道路環境整備を推進する」とあり、無電柱化は重要課題の一つと言える。

無電柱化の基本的な考え方は、快適な都市空間や住環境の創出のためにまちなかの幹線道路について重点的な無電柱化を推進し、市街地の幹線道路の「無電柱化率」を引き上げることである。

また、無電柱化の実施箇所の選定については、歴史的まちなみや自然景観を保全する地区、新しくまちづくりを行う地区、観光地などにおいて面的に無電柱化を推進する地区が考えられ、「あまがさき緑遊新都心」「アミング潮江」もその中の一つである。

(2)電柱・電線のない防災ネットワークを構成する「グリーン・コリダー」

電柱・電線のない安全・安心な歩行者ネットワークは、周辺の街と新都心を

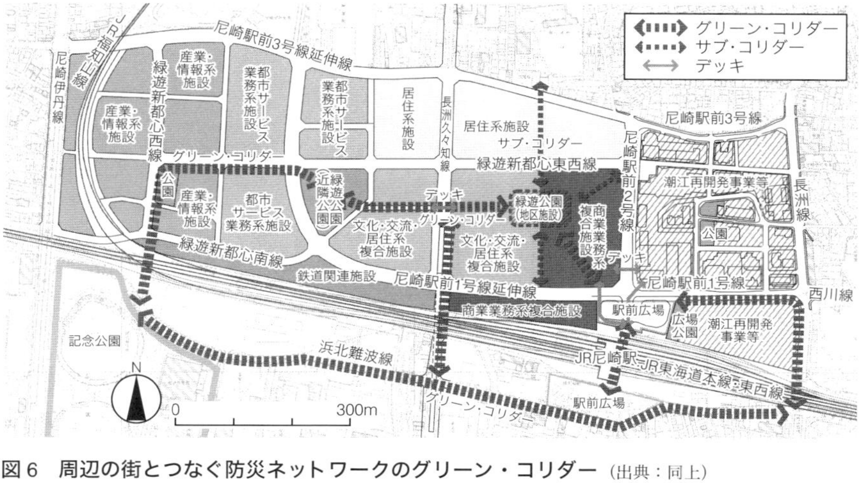

図６　周辺の街とつなぐ防災ネットワークのグリーン・コリダー (出典：同上)

図7　防災ネットワークのグリーン・コリダーとリンクする緑遊公園（2009年3月）（製作・提供：尼崎市、㈱都市環境ランドスケープ）
遊水池やせせらぎがある「防災公園」を市民・住民参加のワークショップでつくる。遊水池は災害時には緊急用水として利用される。

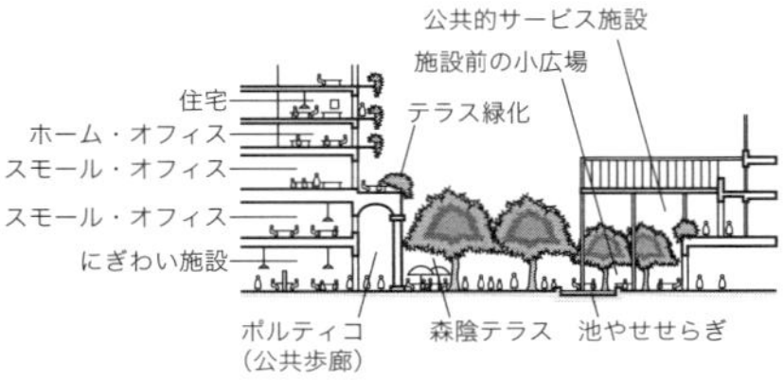

図8　グリーン・コリダーの断面イメージ
（出典：独立行政法人都市再生機構ホームページ「尼崎緑遊新都心」http://www. ur-net.go. jp/west/jouhou/amagasa-ki/index. html より）

回遊するグリーン・コリダーとして、街路や広場、防災公園をつなぎ、災害時の避難ルートとなり都市の防災性能を向上させる。さらに、緑豊かなグリーン・コリダーは、風の道やビオネットワーク、樹木の自浄効果による大気浄化帯のネットワークの形成につながり、都市の熱環境、生態環境、大気環境を良好にする。

(3)無電柱化の実現と問題点

すでに整備完了している「市街地再開発事業地区」は概ね100％無電柱化となっており、開発の骨格である尼崎駅前1～4号線、長洲久々知線の幹線道路（5幹線）も都市計画道路として当初から無電柱化で事業計画が進められている。

しかし、残念ながら幅員6m・8mの区画街路と4m・6mの特殊街路はいまだ有電柱で電線が走る他、尼崎駅前3号線の歩道北側は既存の密集市街地が隣接しており、一部電柱が連立している。

また、東西に延びる尼崎駅前1号線西の開発区域外に隣接する通りは、将来の土地利用予測が未確定であり、電力の総需要量が読めず、電柱の地中化は行われていない。

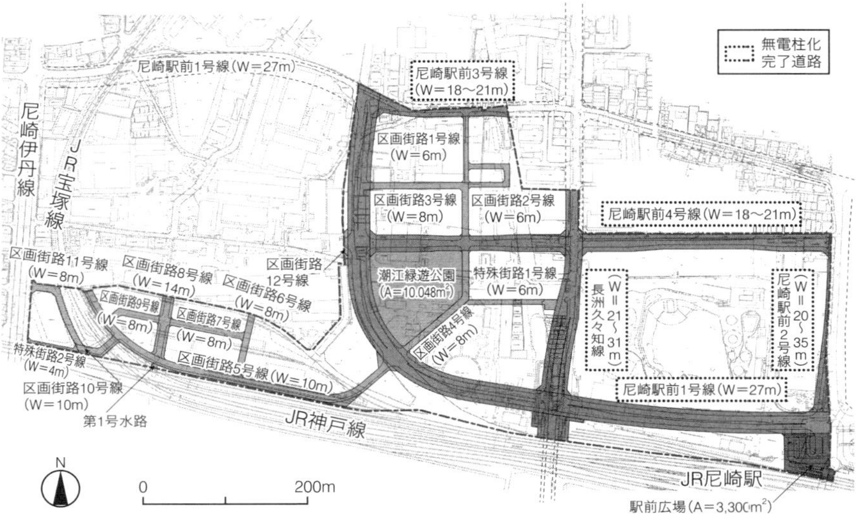

対象路線	距離	備考
都市計画道路（5 幹線）	約 2.1km	歩道幅員 5.5m
電線共同溝（C・C・BOX※）整備延長	約 2.7km	
協議中路線	約 0.5km	
建柱路線	約 0.3km	密集街区のため今後の開発事業で整備予定

※ C・C・BOX とは、電線類のみを収用する共同溝という意味で、関西では一般に電線共同溝、関東では C・C・BOX と呼ぶ傾向が強い。
C　：Community —地域社会、Communication —通信、Compact —小型・計量
C　：Cable —電線
BOX　：BOX —箱

図 9　あまがさき緑遊新都心における幹線道路・歩行者専用道路の電線類共同溝の現状

(4) 地中化による無電柱化整備の効率性とコスト縮減の施工方法

道路のバリアフリー化、土地区画整理事業、市街地再開発事業、街路事業に合わせて電線共同溝を原則同時施工する。施工方法として、従来よりもコンパクトで簡便な「浅層埋設方式」を標準化し、掘削埋め戻し土量の削減等で概ね 2 割のコスト縮減を目標とする。さらに、地中化以外の無電柱化方法としては、家屋の軒下利用の配線や、民地内の配線（裏配線）等の手法も導入する。

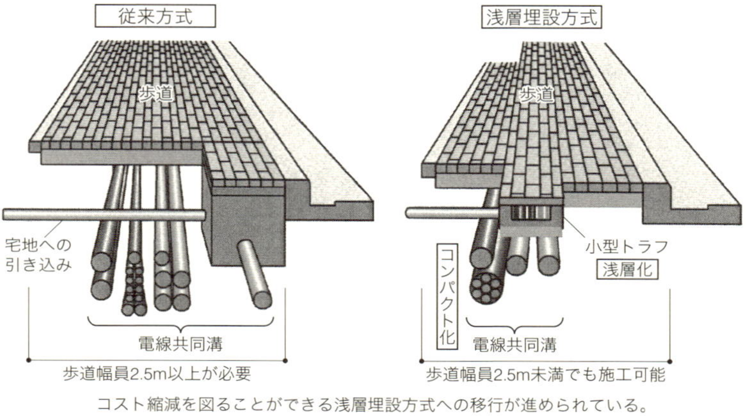

図10　電線類共同溝の施工方式（出典：尼崎市新都市開発室緑遊新都心地区担当「あまがさき緑遊新都心土地区画整理事業の事業効果等に関する調査研究」2002年12月）

図11　浅層埋設方式の共同溝工事（写真提供：都市再生機構尼崎都市整備事務所）

◆電線共同溝による地中化

電力、通信、ガス、CATV等を共同で地中化するのだが、共同溝建設費は国からの補助1/2、残り1/2を尼崎市と関西電力・NTT・大阪ガス・CATV他の電線管理者が負担するかたちになっている。埋設工事の概算コストは材工≒20万円/m（電線管1条505円/m）である。

(5) 無電柱化の成果と課題

都市計画道路として地域の交通軸となる尼崎駅前1号線をはじめ、5幹線の

開発地区から隣接する地区外のまちを見ると、電柱が連立している。

東西に延びる尼崎駅前３号線：北側の旧市街地街路（写真右）には電柱が連立し、南側（写真左）は無電柱化で街路の緑が連続する。

東西に延びる緑遊新都心東西線 : 宅地のオープンスペースも無電柱化されている

図12　民間開発の敷地内のオープンスペースを利用してクリーン・コリダーが連続する

ほか、区画道路や特殊道路の整備をしている。このうち、長洲久々知線は鉄道との立体交差が計画されている。

土地区画整理事業によるメリットは、「無電柱化に合わせた建物計画が可能となり、また、面的な整備を比較的短期間にできる」ことである。一方、デメリットとして、本地区のような都市機能更新型の土地区画整理事業の場合、換地前後で土地利用が大きく変わるため、将来需要の想定が難しいことが挙げられる。

本土地区画整理区域と周辺の密集街区との地区界付近では、今後の密集街区の整備に合わせて無電柱化することとしている。また、当面需要が発生しない路線については、各電線管理者と無電柱化について合意できなかったことから法指定せず、今後も協議中路線として、無電柱化路線であることを意思表示していくこととしている。

今後の課題は、協議中路線で沿道の開発により需要が発生する場合に、道路管理者が行う電線共同溝法指定等の諸手続き、および整備費用の予算措置を開発時期に合わせて調整することである。

4.3　市街地再開発事業・アミング潮江

(1)まちづくりへのテーマからコンセプト

アミング潮江の再開発では、「町の歴史の継承」をテーマとして位置づけ、まちづくりが行われた。その中でも、

・住民全員が誇れる安全で潤いのある快適な街として再開発を行う。

・再開発エリア内の「キリンビール工場の資源」を活かす。

・尼崎の文化遺産の柱である近松門左衛門ゆかりの地を活かす。

といったことを重要なコンセプトとして掲げ、地域住民が参加するなか計画が進められた。また、再開発を大きく後押ししたのが、JR の片福連絡新線（現東西線）の尼崎駅乗り入れが実現し、尼崎駅の利便性が飛躍的に高まったことであった。

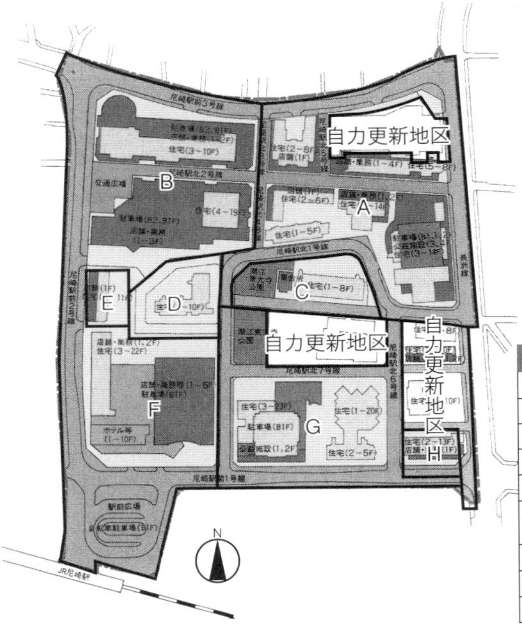

江戸時代の「歌舞伎」や「浄瑠璃」の作者・近松門左衛門とゆかりが深い尼崎・潮江。近くに「近松公園」がある。（出典：住宅・都市整備公団関西支社「JR尼崎駅北第一地区第一種市街地再開発事業　事業史」1994年３月）

	地区	施工者	地区面積
A	第一地区	公団	1.96ha
BF	第二地区	公団	3.62ha
C	コミュニティ住宅	尼崎市	0.35ha
D	コミュニティ住宅	尼崎市	0.32ha
E	市街地住宅	公団	0.15ha
G	駅前地区	兵庫県住宅供給公社	1.45ha
H	コミュニティ住宅	尼崎市	0.15ha
	自力更新地区	民間	1.00ha
	合　計		9.00ha

図13　市街地再開発地区・アミング潮江地区割図
潮江地区は第一・第二地区と駅前地区の「三地区」と「市のコミュニティ住宅」「公団（現都市再生機構）の市街地住宅」に「自力更新（民間）の地区」で構成された規模9haの新たな都市拠点として整備された。

(2)無電柱化の事業推進

「市街地再開発事業」では土地の高密・高度利用だけでなく、防災性、快適性の確保のためにも「無電柱化」は必要である。「土地区画整理事業」では減歩によって、公共・公益用地を生み、バランスある土地利用を図ることで事業が成立する。再開発事業でも基本的には幹線・準幹線は「無電柱化」で整備することが望ましい。その他の一般道路や歩行者専用道路では道路や公園、緑地、宅地率や他の施設の種類（公的、民的）の規模、全体事業の投資、コストバランスなどにより「有電柱化」になることもある。

再開発地区および民間自力開発を含む9haエリアでは、事業施行者であるURと兵庫県住宅供給公社、尼崎市が関西電力等の協力を得て「無電柱化のまちづ

開発前の航空写真（出典：住宅・都市整備公団関西支社「JR 尼崎駅北第一地区第一種市街地再開発事業　事業史」1994 年 3 月）

整備前の長州線

開発前：細街路、電柱、高密度の低層住宅（出典：都市基盤整備公団関西支社震災復興事業本部「JR 尼崎駅北第二地区第一種市街地再開発事業　事業史」2001 年 1 月、上下とも）

図 14　開発前の潮江地区

くり」が推進された。しかし、再開発地区に隣接する旧市街地区界の幹線道路までは無電柱化は実施されなかった。

　完成された再開発地区は電柱・電線のない広い歩道や緑道、セットバック街路、公園、広場など、グリーン・コリダーとしてネットワークされた緑豊かな公共空間を生み出している。ここでは、資産価値や投資の経済効果を計量化できないが、「無電柱化されたアーバンスケープ」は安全、快適、潤いのある高密、高度利用の街として高く評価されている。

（執筆分担：4･1、4･2 項　長谷川／ 4･3 項　竹本）

参考文献

・住宅・都市整備公団関西支社「国鉄尼崎駅北（潮江）地区再開発事業の空間化に関する調査報告書」1985 年 6 月

尼崎駅前 1 号線沿いの電柱のない緑豊かな街路と広場。

東西に延びる尼崎駅前 3 号線北側の旧市街地街路（写真左）は有電柱、南側は再開発されて無電柱（写真右）。

無電柱化された潮江地区：緑豊かで安全な街路空間がつくられた。

図 15　現在のアミング潮江

取材協力

・尼崎市新都市開発室・都市整備局緑遊新都心地区担当（久保田隆弘氏）

・独立行政法人都市再生機構西日本支社尼崎都市整備事務所

・㈱ UR サポート

事例05
ハイカラ商店街

▷トアロード（兵庫県神戸市）

地元主導の復興のなかで通常の街路事業で実現、景観まちづくりへ

進藤千尋

5.1　神戸・トアロード地区の概要

1868年に神戸が開港されて以来、「神戸ハイカラ文化」を生み出し、今に伝え続けてきた海と山をつなぐ坂道トアロード。舶来品を扱うショップやベーカリー、オートクチュール、靴屋、帽子店、宝飾店、デリカテッセン、ホテル、欧風料理店などの老舗店が点在するほか、外国人専用サロン「神戸外国倶楽部」や「中華会館」「聖ミカエル国際学校」などの施設もあり、異国情緒ある街として生き続けている。その一方で、老舗店の意思を現代に引き継いだ新感覚の上質なカフェやショップなども増えつつあり、伝統と文化、東洋と西洋、歴史と現代の融合の街として存在している。

このトアロードが阪神・淡路大震災によって沿道の約7割が全・半壊の被害を受けながらも、わずか10年足らずで品格あるまちへと再生することができた鍵は、明確なビジョンと地元住民主体のまちづくりにある。

図1　トアロードの位置

(1)位置

トアロード地区は、神戸市の中心部である三宮と元町のほぼ中間に位

置し、神戸市のなかで唯一、海と山を結ぶ約 1.2km の細長い坂道である。ストリートの北端は神戸外国倶楽部、南端は神戸港。このエリアは、若者文化により発展した新しいエリアであるトアイースト、トアウェストを含め、これまでの神戸都心部の商業集積に見られない新しいトレンド、情報発信といった新しい役割を期待されるエリアとなっている。また、その位置関係から、神戸の独自カラー・都市アイデンティティを代表する北野・旧居留地、南京町をネットワーク化する重要な役割を持ち合わせているといえる。

(2)沿革

神戸は、1868 年に日本で最大の港として開港し、諸外国との条約･取り決めによって外国人居留地として租借され、その影響から多くのヨーロッパ文化が取り入れられた。

ここトアロード地区は、オフィスがある外国人居留地と、そこで働く外国人が暮らす北野界隈をつなぐ通勤経路として発展してきた。沿道には外国人向けの食料・衣料品店などのショップが多数立ち並び、神戸文明開化の都市軸としてその役割を担ってきた。

しかし、時代を経て、三宮・元町や北野・旧居留地など周辺の開発が進むなか、バブル崩壊の頃から徐々に沈滞ムードが広がり始めた。以前からトアロードにまたがる三つの商店街組織がそれぞれ活動していたが、特に連携する体制はなく、次第に時代の移り変わりに取り残されていくという危機

図２　トアロード（中山手三丁目付近）

感が募った。さらに、1995年の阪神・淡路大震災によって、沿道の建物が大きな被害を受け、商店も激減し、危機感が現実のものとなっていった。

この状況を打破し、トアロードらしい復興・活性化を進めるため、まちづくり協議会が設立され、まちづくりシンポジウムや景観に関するアンケート調査の実施、景観形成市民協定の締結・運用をはじめ、現在では文化情報発信イベントやガーデニングなどあらゆる切り口から、まちづくりの主軸である「景観形成」を推進するための事業を展開している。

5.2 まちづくりへの取り組み

(1)トアロード地区まちづくり協議会の設立

時代の移り変わりやバブル崩壊による衰退、それに追い討ちをかけるように、大震災による壊滅的な被害。そこで、トアロードらしいまちの復興と活性化を進めるべく、震災翌年の1996年1月17日に「トアロード地区まちづくり協議会」が結成された。

協議会は、トアロードにある三つの商店街組織「トアロード商店街東亜会協同組合」「トアロード中央商店街振興組合」「神戸トアロード山手会」を中心に、沿道住民、事業者などで構成される。主に月1回役員会を開催し、まちづくり計画の作成や運用、景観形成市民協定の運用、フォーラムやアンケートなどの実施、コミュニティガーデンプロジェクトや文化情報発信イベントの企画・開催、まちづくりニュースの発行など様々な活動を展開している。

設立の主な動機としては、単なる震災からの復旧に止まらず、これを機会として気品と魅力あるまちをめざし、地域独自の風土と伝統を再発見し、さらに過去を乗り越え、神戸のシンボルとして風格あるまちへと蘇るためには、共通のビジョン、行動計画が必要であるとの認識が広がったことによる。設立以降、様々な活動を展開することでまちづくりの気運は一気に高まっていった。

(2) まちづくりのコンセプト―まちづくり計画 1997

1997 年 4 月に策定した「まちづくり計画 1997」は、明確な理念と計画性を持つまちづくりをするための内容となっている。まちづくりの目標は、「海と山が感じられる坂道を生かしたまちづくり」「神戸のシンボルとして品格のあるまちづくり」「花と緑のあふれる美しくうるおいのあるまちづくり」「エキゾチックな情緒ある国際性をもつまちづくり」「お洒落で楽しいショッピング、散策ができるファッショナブルなまちづくり」の 5 項目である。

「まちづくり計画 1997」策定以降、この五つのまちづくりの目標が、景観形成事業、文化情報発信イベント事業、コミュニティガーデンプロジェクトなど、トアロードで取り組むすべての活動の根幹となり、明確なコンセプトのもと、ぶれることのない事業展開を可能としている。

(3) 行政・専門家との連携

神戸市では、地元のまちづくり団体に対し毎年審査のもと「まちづくり活動助成」と「コンサルタント派遣制度」をとっているのが特徴である。震災後 15 年が経過した今なお、行政がまちづくりに対し積極的に支援し続けることで、地元では継続的な活動に取り組むことができる。

トアロード地区をはじめ、各エリアそれぞれのまちの魅力が向上することで、各単体の集合体である神戸市全体が「神戸」というまちのブランドを維持し、ユネスコに認定されたデザイン都市[注1)]としての魅力を発信し続けられることにつながっていると言える。

5.3　電線類地中化の動機と経過

(1) 電線類地中化事業としての特徴

電線類の地中化は、一般には 1986 年以来の国の「電線類地中化計画」5 カ年計画に基づく広幅員の幹線道路での実施か、そうでないケースは、歴史的まちなみ保存地区に代表される特別な地域のまちなみ整備や観光地としての整備が必要なところについて、地元自治体が街なみ環境整備事業などの制度を活用して実施するかのいずれかである。

図 3　トアロードのまちなみ

トアロード地区は、そのいずれでもないケースと言える。トアロードは幅員約15m で、約 1km の区間の地中化であり、広幅員幹線でもなければ、特別なまちなみを備えているところでもない。地元のまちづくり活動と、行政が街路としてのあり方を地元とともに考えるなかで、神戸市の市費に国の補助を加えた街路事業の一環として実施されている。その意味では、これから多くのまちで「特殊な事情がないと地中化できない」という固定観念を払拭する一つの例となるかもしれない（図 3）。

(2) 動機

直接的な地中化の動機は、1995 年阪神・淡路大震災の震災復興に伴う道路整備である。トアロードにおいても、道路の舗装をはじめ、電柱、街灯、信号、標識などの路上施設が震災により大きな損傷を受けたことにより、その復旧が求められる状況であった。もちろん他の被災地域においても同じ事情は見られたが、トアロード地区において地中化が実現したのには、基本的には二つの背景があるものと考えられる。第 1 には、震災前から地元商店街から地中化の要望が強く出されていたこと。第 2 には、地元主導の復興まちづくりの動きがあったことである。

震災復興には、大きく分類して三つのパターンが見られる。一つめは土地区画整理や市街地再開発など行政主導による都市計画手法で地域全体を改造するもの。二つめは、地元主導で地域独自の復興プランをつくり、それを行政が支援するもの。三つめは、そのいずれにも該当しない、公共施設以外は一般的な住宅再建などの支援がされるにとどまるものである。このように被災地において復興の手法が分かれた背景は、行政がその実務能力からして主導的に実行できるものは限られること、一方で、地元が自発的に計画的な復興を求める動きが活発化したことへの行政対応が求められたことがある。トアロード地区は、この第２の類型にあたる。

道路の復興にあたって行政と地元との協議が行われることになったが、すでに地元でまちづくりの体制も整い、復興プランがかたまりつつあったことから、道路のあり方についても地元の復興まちづくりと連携する方向で進めることとなった。

(3)具体的な経過

復興における道路整備は、歩道・車道の幅員構成、路面舗装、街灯設置、街路樹など多岐にわたるが、それらをトータルに捉え、計画し、デザインするよう地元から要請があり、行政側はその意向に対応する姿勢で臨んだ。

そこで、道路整備の設計にあたって、行政の担当部局と地元の商店街、まちづくり協議会が協議の場を重ねることになった。地元の復興まちづくりプランは、震災前の姿に復旧することではなく、本来のトアロードが持つインターナショナルでお洒落な雰囲気をこの機会に創造しようという意図がその基本にあった。したがって、道路空間のあり方についても、綿密な検討が行われ、街灯はシックでエキゾチックなガス燈をイメージするデザインとし、フラッグや花のハンギングの取り付けが可能なようにする、また、街路樹も海と山をつなぐ道として風が爽やかに通り抜けるような樹種を選定する、といったコンセプトから実施計画に至るまで詳細な詰めが行われた。

その延長線上で、電線類があってよいかどうかが議論の焦点の一つとなったのである。前述したように、震災前から商店街会長である上根保氏が強く主張されていた地中化を実現すべく、道路管理者である神戸市担当部局や電力会社に熱心に要請活動が繰り広げられたこともあり、結果として地中化の方向が固まった。

コストの詳細は把握しきれていないが、地中化工事は電線類単独ではなく、他の地下埋設物や地上部も含めて道路全体の整備と一体に実施したことにより、おそらく効率的に行われたものと考えられる。

図4　歩道と街路灯

しかし、課題として、事業実施以前から地元でも危惧されていたトランス部がそのまま地上の歩道上に設置された結果、歩道の快適さや通行の安全上若干の不便さを残すとともに、都心の商店街であるという事情からも、落書きなどのいたずらも見られる。他地区においても、トランスに限らず路上施設に同様の問題があることから、神戸市においては地元の手で落書きなどを消去する活動に対して、必要な資材を提供する支援を行っている。

いずれにしても、道路整備が電線類地中化を含め、舗装、街灯、街路樹などトータルな都市デザインとして実施されたことが特徴であり、そのことが、その後のトアロードにおける民間主導の景観まちづくりへの道を拓くこととなる(図4)。

5.4　景観形成の取り組み

(1)電線類地中化から景観形成へ

電線類地中化と合わせて地元のまちづくり協議会が関心を持ったのは、まず道路環境の総合的な都市デザインである。電線類地中化したあとの道路をどのようにデザインするかということが地中化と並行して熱心に検討された。その結果、路面舗装の色彩や素材、そして街灯をシックで国際性を感じられるデザインとする、さらに、街路樹の樹種を菩提樹とするなど、まちなみの統一と個性化に沿った選定が進んだ。その延長線上で、街路樹の足元にトアロードにふさわしいハーブを取り入れて、地元でも管理に関わっていくというように計画が厚みを増していった。すなわち、電柱や電線がなくなったあとの空間を立体的に捉える動きにつながったのである。

道路環境の見通しがついたことと同時に、まちづくりのコンセプトを具体化する次の段階として、道路沿道の建物のデザインを含む景観を主テーマとする仕組みに取り組むことが地元からの発意として固まっていく。そこで、神戸市の支援により専門家と地元による景観の分析及びあるべき景観の方向性、その実現に必要なガイドラインの策定が行われた。問題は、それをどのような方法で担保するかということであったが、ここでもまちづくり協議会が主体となる景観形成市民団体を確立し、それを行政がバックアップするという市の条例に基づくパートナーシップが効力を発揮することになる。

(2)景観形成市民協定の締結・運用―まちづくりへの高い気運

a. 協定の締結

神戸市は1978年全国に先駆けて都市景観条例を制定し、地元で自主的につくられる協定や市民団体を認定し、支援する仕組みを持っている。トアロードにおいてもこの条例との連動が試みられた。

「トアロード地区景観形成市民協定」は、前述の「まちづくり計画1997」を基本とし、景観面から具現化するため1997年4月に締結された。翌1998年10月に神戸市の条例認定第１号として認定され、同時に、協議会は同条例による景観形成市民団体としても認定された。

協定の具体的指針として、建物用途制限、建築物や広告物のまちなみ景観への配慮、工事期間中の仮囲いデザインや敷地緑化などに至るまで、まちなみ形成のルールを定めている。

また、シースルーシャッターの導入や照明、2階からもれる灯りの演出により、夜も散策やショッピングが楽しめるよう「夜の景観づくりガイドライン」も設定している（図5）。

図5　夜のトアロード

b. 協定の運用

実際に建築活動や広告・看板設置等が行われる際には、事業者はまちなみ形成ルールに沿って計画概要を記述する「事前相談内容説明書」と図面やパースを協議会事務局へ提出し、その後開かれる景観デザイン委員会（協議会役員、行政、専門家により構成）において協議を行う。計画が承認されなければ、ルールに合致するようデザインを変更し再協議される。2009年7月までに85件の計画がデザイン委員会において協議されてきた。まちに良い建物やデザインができることで、その周辺には上質なショップが集積し始めるといった連鎖反応が見られ、まちにわかりやすいモデルが広がっていることを示している（図6）。

図6　トアロードにあるガラスショップ

(3) 取り組みの成果—モデル事業の確立、企業との連携

震災被害を受けた百貨店・神戸大丸の再建を動機に、「景観形成のモデル」となるプロジェクトを選定し、建物の色彩やデザイン、テントフラッグ、植栽、

工事用仮囲いのデザインに至るまで、景観デザイン委員会において重点的に協議を重ねてきた。その成果をまちのなかで示すことで、トアロードらしい景観のあり方、目指す方向のイメージを具体的に共有することに役立てている。その他の主なモデル事業として、三宮中央通りの整備、震災跡地にフランスの小さな街角をイメージした民間商業施設、老朽化した木造建築密集地の再開発「トア山手」、NHK神戸放送局再建、民間マンション外構・植栽計画、統廃合で閉鎖された小学校舎活用による神戸マイスターの集積施設「北野工房のまち」計画などがある。

(4)地区計画への取り組み―トアロードらしい景観へ次のステップを

電線類地中化が動機となり、景観形成市民協定締結から10年以上かけて運用してきたことで、トアロードらしい景観が前進してきたことはまちづくりの大きな成果といえる。その一方で、問題や課題が浮き彫りとなり、次のステージに進む段階にきている。協定の運用やモデル事業の展開とは別に、条例の限界として、近年トアロード沿道では建物の色彩やデザインの不統一、広告・看板類の増加や歩道へのはみ出し、違法駐輪など異国情緒ある上質なトアロードらしい景観に合致しているとは言い難い空間が増加しているのである。

そこで、協議会では2年がかりでトアロードの景観の現状を把握すべく、実態分析のフィールドワークやワークショップの実施、景観施策・仕組みの事例収集、研究などを重ねながら、これまでの成果と課題を再検証するなかで、協定の運用を強化していくためには、「地区計画」の導入が不可欠との結論に達し、2010年度を目標に進めている。

「地区計画」を導入することで、都市計画で公表、位置づけされ、事前の届出が法律により義務づけられる。良い景観が広がることでまちのブランド力を向上させ、それが上質なショップなどの出店の誘引となり、まちの話題性は広がり来街者の増加、商売繁盛といった連鎖を引き起こす効果があると考える。

5.5 電線類地中化とまちづくりの相乗効果

よく「まちは生きている」と言われるが、トアロードに来るたびにそのことを肌で感じる。人々の日々の暮らしがあり、商売が営まれ、観光客が行き交い、道路には車が途切れることなく流れ、あちこちでマンション建設が行われ……まちが生きているということは、美しい景観が育まれるのと表裏一体で、景観が壊れる恐れも持っている。

ここ数年の間にも、高層マンションが増えたり、ビル階上まで派手なデザインの突き出し看板が設置されたりと、トアロードは空が狭くなってきたと感じる。地元の人たちは、そのことを「トアロードから山が見えなくなった」と表現する。昔はトアロードを下った一番下から山が見えたといい、海と山のまち神戸を象徴していた。今では随分山手へ坂道をあがらなければ、美しい緑の山は見えなくなっている。 しかし、電線類地中化が、実際にまちづくりを始動させる起点となったことは、まちの見通しの良さ、美しい質のあるまちを大切にすることを常に住民に思い起させる意識の底流となっている。

そして、トアロード地区でこれまでまちづくりが大きな成果を収めてきた背景には、地域のまちづくり組織の確立とその行動力、それをサポートしてきた行政、適切な提案とコーディネート機能を発揮してきた専門家の三者の連携がある。そのさらなる充実が望まれるとともに、景観まちづくりの多面的でトータルな取り組みの中から電線類地中化が実現し、そのことが、次の景観まちづくりを強めていくという相乗効果があったように、まちづくりの良い循環、つながりをさらに強め、新しい展開を拓くことが求められる。

注

1) 神戸市は、2008 年 10 月 16 日、ユネスコ創造都市ネットワークに加盟。

事例 06
歴史的界隈

▷花見小路（京都府京都市）

地元と行政の取り組みに専門家 NPO が橋渡し役を務めて実現

隠塚　功

6.1　祇園町南側地区について

京都市は日本を代表する観光都市である。その京都市への観光目的のほとんどが、歴史都市であるまちなみの散策や社寺仏閣の見学であり、このまちに根づく文化に触れ、体験することを楽しみに京都に来られる。今やその観光目的地の一つにもなっているのが、八坂神社の西側で、建仁寺の北側に当たる祇園町南側地区（京都市東山区）である。ここには夜になると舞妓さんや芸妓さんの姿を一目見ようと、カメラを片手に足を止めている人が多く見受けられるし、また、4 月の「都をどり」開催時や秋の紅葉時分は昼夜問わず、大変多くの人でにぎわっている。

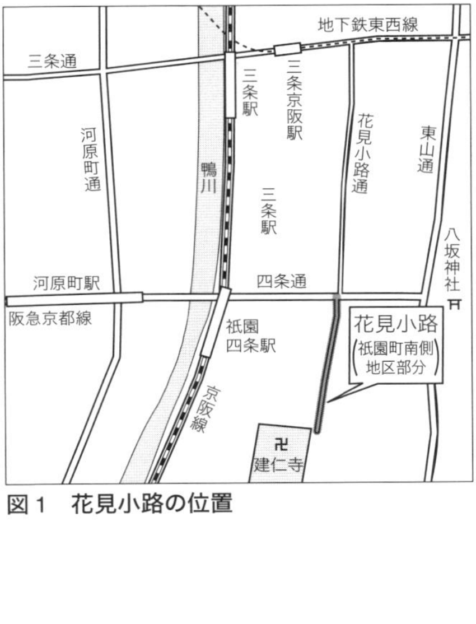

図 1　花見小路の位置

しかし、そもそも祇園町とは夜の街である。歴史を紐解くと、祇園町は八坂神社の門前町として鎌倉時代に発生したとされているが、江戸寛文年間頃に島原地区を圧倒する遊興の地になり、1872（明治 5）年の「都をどり」誕生以降ますます繁栄し、京都五花街（祇園甲部、宮川町、先斗町、上七軒、祇園東）の中心的存在として発展してきた。しかし、戦後復興の柱でもあり、京都経済の柱

図２　現在の花見小路と舞妓さん

でもあった糸偏産業が衰退していくのに伴い、旦那衆と呼ばれる人たちが激減したことから顧客も減少し、社会的環境の変化も加わり、五花街の中心的存在であった祇園町ですら衰退しはじめた。ところで祇園町は四条通りを挟んで北側と南側に分けられるが、北側は東京の銀座や大阪の北新地のような飲食店街となって発展していった。しかし南側にはシンボルである一力茶屋をはじめとして、昔からのお茶屋さんもまだまだ残り、そこに住まう人もいたことから、京都祇園の風情をなくして東京ナイズされることには、かなりの抵抗感と、それに伴う危機意識が芽生えていた。

また観光や景観行政を推進していく京都市も、京町家の保存や歴史的景観保全修景地区指定による良好なまちなみ景観形成に取り組んでおり、祇園町南側地区の景観を何とかして保存し、形成していきたいと考えていた。このように地元と行政の意向が一致したことにより、そのための取り組みとして花見小路通の石畳化と無電柱化が検討されるようになり、1999 年 6 月に計画決定し、2001 年 12 月に工事は完成を見たのである。その後も周辺の私道の石畳化事業

図３　電線類地中化前の花見小路

図４　四条通から望む電線類地中化前の花見小路

を推進し、現在では昼間でもカメラを持った観光客や食事を目的とした観光客がこぞってこの町に訪れるようになっている。

6.2　まちなみ景観の保全・整備への取り組み

(1)祇園町南側地区協議会の設立

祇園町南側地区には京都の生活文化である「かど掃き[注1)]」をはじめとする相互協力、相互扶助などが日常生活の中に生き続けていた。そしてその上で自治活動を活性化させる目的で祇園町南側地区協議会が1996年８月に設立された。単なる自治会活動ではなく、同協議会がこの時期に設立されたのにはわけがある。その一つが、1995年に「京都市市街地景観整備条例」が改正されたことである。この条例改正により、市長は「歴史的景観保全修景地区」を指定することができるとされた。その第１号適地として、ここ祇園町南側地区を含む東山区四条通南側に広がる茶屋町界隈が挙げられていた。この「歴史的景観保全修景地区」に指定される時には、市長は整備計画を立て、その計画には建築物等の位置、規模、形態、意匠および修景を定めることとなっている。つまり、この祇園町南側地区はどんな町として残していくのかが、地区指定される時に決まってしまう状況にあった。そのため、地域住民の意向が反映された計画とするために、組織的かつ積極的に地域が発言する機会をもつ必要があるとの判断の中で同協議会が設立されるに至った。

その後、京都市における地区指定に向けた調査活動は順調に進み、また本協議会を窓口とした地域要望も受け入れられて、1999年1月に「祇園町南歴史的景観保全修景地区における歴史的景観保全修景計画」案が発表され、同年6月に告示された。同年7月には同協議会はさらに踏み込んだ「祇園町南側地区景観協定」を協議会の総会で議決した。これは地域のまちなみ景観の保全を考えた際に、建築基準法や条例等では定めきれない事項であったり、建築確認が不要な造作に対しても規制を加える必要があるとの判断から、地元が全員一致して議決したもので、例えば屋外広告物、自動販売機の設置についても自ら規制をすることにしたのだ。

その後、同協議会では木造建築が主体の地域であることから防火防災活動に積極的に取り組むとともに、同地区のシンボルロードである花見小路通の電線電柱類の整理・地中化と道路の石畳化を京都市に要望するに至った。つまり、建物を中心とする景観や風情を残すために、行政と地元が一体となって取り組む土壌がこの間に生み出され、そのお互いの信頼関係が構築されたからこそ、地域要望に沿った電線電柱類の地中化と道路の石畳化が実現したと言っても過言ではないだろう。

(2)「祇園町南側地区」地区計画制定

ところで、祇園町南側地区では約1年間の道路改修工事を経て、以前にも増して景観への意識が高くなっていた。その後、2001年には同協議会が母体となってNPO法人祇園町南側地区まちづくり協議会を設立。2002年4月には「祇園町南側地区にふさわしくない業種として参入を規制している業種（2006年5月に一部改正）」[注2)]を定め、2004年12月には後段で説明する「祇園町南側地区町式目」を制定し、町内の各人が取るべき行動の規範を定めることで、まちなみ景観や祇園情緒を維持する取り組みを一層進めることになった。京都市もこうした地域の動きと連動して、2002年11月に「祇園町南側地区地区計画」を決定し、その後2006年3月に計画変更も行ってきたのだ。

では、ここで「祇園町南側地区地区計画」の特徴について説明する。

この「祇園町南側地区地区計画」は「祇園の風情・情緒」を醸し出し、職・住・文・遊が共存している地区として市街地環境の維持・充実を目的としていた。当初の地区計画では建築物等の用途の制限や、高さの制限などを定めており、地区内に新設や増改築される建物が、地区の目的にあったものになるように誘導するようになっていた。しかし、この地区には細街路が多く、既存の老朽化している木造建築物を地区計画に基づいて改修や新築しようにも、セットバックや角切りなどが求められることから実現できない状況にあり、積極的に「祇園の風情・情緒」を守ることが大変難しい状態だった。そのことは地域の方が一番良くわかっており、NPO 法人祇園町南側地区まちづくり協議会からも地区内の細街路を建築基準法第 42 条 3 項[注 3)] に指定することで、改修や建替えを進めることのできるように決定して欲しいとの要望があり、京都市はその要望を受ける形で 9 本の細街路を指定し、道路後退なく建築できるようにしたのだ。それが 2006 年の変更だった。

このようにして、建物に関するまちなみ景観や祇園情緒を維持する取り組みが行われ、この後説明する、道路部分の改修も相まって「祇園の風情・情緒」が守られるようになってきたのだ。

6.3　花見小路を中心とした道路の石畳と無電柱化

(1) アートテックまちなみ協議会への相談

さて、このように祇園町の風情を今後も残していくために様々な取り組みを進めてきた祇園町南側地区ではあるが、これは地元の人ばかりでできたわけではない。地元の意見を取りまとめ、そして祇園町南側地区協議会や NPO 法人祇園町南側地区まちづくり協議会で決めたことを住民に知らしめ、そして守るための指導をしてきたのは、祇園町南側地区協議会の会長でもあり、NPO 法人祇園町南側地区まちづくり協議会の理事長でもある杉浦貴久造さんであった。しかし、規制の内容を具体化したり、まちなみのグランドデザインをつくるのは祇園町南側地区に住まう人たちではなかった。杉浦会長は当初から専門分野は専門家に任せるべきとの考え方であったが、地域のことを理解してくれる専門家でなくてはならないと考えておられた。そんな中、1998年に祇園町南側地区のシンボルロードである花見小路通（四条から建仁寺間：約330m）で電線類地中化に伴う諸工事がスタートした。そして、この花見小路通のデザインが施行者である京都市から当時の祇園町南側地区協議会を通じて地元住民に示された。このデザインは京都市から委託をされたコンサル会社が描いたわけだが、地元の方によれば「あのコンサルは数回、現地を訪れただけであり、祇園町がどんな町かわかっていない」「花見小路通をどこかの地方都市にある○○銀座と同じ通りにするつもりか」などと口にされるようなデザインであり、「自分たちの希望するデザインを自分たちで作りたい」と強く考えるようになられ、協力する専門家集団を探しておられたのだ。そんな時に、まちづくりに関連した技術やデザインの研究をしていた私たち「アートテックまちなみ協議会」に声がかかり、私たちも実践の場が与えられたとの思いから、地元案作成への協力依頼を喜んで引き受けたのだ。それが1999年のことだった。

ところで、私たち「アートテックまちなみ協議会」は1997年9月に、まちづくりについての学識者、市民、関連する技術者によって設立された。メンバーの中には、大学講師、設計士、建設関係者などもおり、他のまちづくりでもコーディネーター役を務めた経験者もいた。私たちは「地域のことは地域の人がもっともよく知っている」の信念に基づき、地域の思いをまとめて形にする役割を担いたいと活動していた。しかし、このままの市民活動では目的に適った仕事ができないとの判断から、NPO法人格を取得すべく準備に入っていた矢先に、杉浦会長からお話をいただき、この仕事に取り組んでいた2000年2月にNPO法人格を取得することができ、NPO法人アートテックまちなみ協議会として以後活動することになった。

(2) 地元が主役

私たちは自分たちの思いを勝手にデザインし、それを押し付けることではまちづくりは失敗すると考えていた。つまり、前段で説明した通り、地域のことを一番よく知っている地域の人が、主体的に関わり、そして責任をもって取り組んでこそ、まちづくりは成功すると考えていた。この私たちの思いと同じ思いで、まちづくりに取り組んでいたのが杉浦会長であり、祇園町南側地区協議会に集う人たちであった。だから地元案の依頼を受けた私たちは、その後、祇園町南側地区協議会の皆さんと、過去の思い出から皆さんが考える祇園の風情など、まちなみのヒントになる意見を多数伺い、膝を突き合わせて何度も意見交換を繰り返す中で、地元の方々のイメージに沿った地元案を作りだすことができた。

ただ、これはパース上のイメージであり、広く地元住民の方に理解いただくには現物を見てもらわなくてはならないとの判断から、1999年12月に、まずは車道用石種の選定を行うために3種類の石を建物屋上に並べて選定をしていただいた。翌2000年2月に歩車道の石貼パターンを検討する機会を設け、そして2000年5月には祇園地区内のガレージを1週間借りて、3種類の歩道舗装パターンを試験施工して地域住民の方に自由にご覧いただき、協議会として地元合意を図り、最終案を決めてもらった。

図５　石畳の選定風景

図６　石畳の試験施工

また、電線類の地中化によって問題となるのが街路灯だ。

今までは電柱に街路灯が張り出していたわけだが、電柱がなくなると改めて単独の街路灯の設置が必要だ。もちろん、照明についても、どのような照明が花見小路通には似合うのか、地元の方が一番良くわかっているわけだ。例えば、ここ祇園町南側地区では4月に「都をどり」が祇園甲部歌舞練場で開催される。その時期には四条通りからの入口部分に桜色の大きな鳥居状の看板が上がる。また花見小路通の両脇には「ぼんぼり行燈」や「提灯」が掛けられる。街路灯の照明は、こうした昔からの明かりや造作物を邪魔するのではなく、映えさせる照明でなくてはならない。そのための照度や設置場所、高さなどは地元の人しかわからないことである。こうしたことも話を聞くなかでわかってきたことだ。そこで2000年4月に「ぼんぼり行燈」や「提灯」が掛っている時に原寸モデル試験を現地で行い、翌5月には現地で試験点灯も実施した。

図7　街路灯のモデル試験

私たちはこの試験によって、また学んだことがあった。それは私たちが必要とする照度、つまり「明るさ」は街路灯の基準の中で示されるものとは大きく違うということだった。実は花見小路通の照度は光学的数値では暗いとされる状況にあった。しかし、何度も足を運んでいると気づくことだが、店先の明かりや提灯、格子から洩れる明かりなどが目の高さ付近に配置されており、花見小路通は暗いどころか、大変明るく感じるのである。にもかかわらず、そうした店先などの明かりがないことを想定した街路灯を設定すると、宙に浮いたような光源が生まれるだけで決して不足している照度を補っていることにはならなかったのだ。また、街路灯の明かりが、既存の明かりを覆うようになり、既存の明かりが活かされないことがわかった。こうしたことも試験点灯する中で、

図８　街路灯の試験点灯

地元の方は敏感に感じ取っておられたのである。

こうした地元の意見をしっかりと反映して、電線類の地中化と道路の石畳化の工事が進められた。このように地元の意向が十分に反映されている事業とはいえ、この工事も決して簡単に、そして喜ばれるものではなかった。というのも、ここは花街であり、飲食の事業で持っている夜の町である。先述したように「都をどり」のような地域を挙げた事業が行われる時には工事はできない。また、祇園甲部歌舞練場の南側にJRAの場外馬券売場があり土日は工事ができない。もちろん夜間工事はできない。などなど、工事日程や時間帯についてもかなりの制約のある中で進めなくてはならなかった。

また、工事方法としては、まず現在のアスファルトを剥がし、仮復旧をし、そして完成するわけだが、全面通行止めは当然のことながらできないために、道路を東西に二分して順次工事を進めるしかなかった。そうするとどのような声が上がるかと言えば、どうしても西側を工事している時には西側の店舗より「お客さんが減った」、東側の工事をしている時には東側店舗より「お客さんが減った」とクレームが出るものであった。

そのような工事を経て、2001年12月に工事は完成し、2002年１月の完成披露にこぎつけた。

完成してからというもの、この祇園町南側地区の花見小路通は祇園花見小路として、観光雑誌などに多く取り上げられ、もっとも京都らしい風情を残している地域として評価を受け、たいへん多くの観光客が訪れるようになり、工事前の十倍と言っていいほどの人たちでこの通りがにぎわうようになった。そのため、工事中にクレームを言われた店主も、今となっては、たいへん喜んでおられるのが実情である。

図 9　完成披露の式典の様子

しかし、これはまだ電線類地中化を含む、祇園町南側地区のまちづくりの序章にしかすぎない。この後、どのようにしてこの風情を残していくのか？　これは行政の仕事ではなく、そこに住む、またそこで商売をする人たちが、応分の負担と責任をもって取り組むしかない。このことについて、正面から向き合って取り組まれるこの地域の取り組みを次に述べたいと思う。

6.4　町式目の制定

(1)町式目とは？

祇園町南側地区協議会では、連綿と続いた祇園の風情を後世にずっと引き継がなくてはならないとの思いが大変強く、そのために、協議会の設立、そして事業実施主体である NPO 法人の設立などを進めてこられた。ただ、こうした活動に住人や商売人全員が参加して取り組むことはありえない。だからこそ、参加する意識の高い人たちが集まって、住まう人も働く人も、すべての人が守らなくてはならない様々な規約を設けてきたのだ。建築確認の不要な増改築であっても協議会への届け出を義務化した「祇園町南側地区景観協定」や、「祇園町南側地区にふさわしくない業種として参入を規制している業種」を定めたことなどは正しくその例である。

ただ、これらは日々の維持保存活動ではない。着実な日々の取り組みなくしてまちづくりやまちなみ保存はできないことから、2004年６月に「祇園町南側地区町式目」が定められた。ここでは現在の居住者だけでなく、なかなか協力の得にくい店舗の経営者から従業員に至るまで遵守を求めているだけでなく、転入者はこれを順守することを予め了承しているものとしているのである。町式目とは、そもそも江戸時代に町内の自治を守るために、町人の行動規範と範囲を町衆自らが定め、取り組んできたものであった。これによって、各町が各町の状況に見合った自治を実現し、町ごとの個性が維持されてきたのだ。その町式目を現代風にアレンジしたものを、この祇園町南側地区では定め、取り組んでおられる。この町式目の１項には、「地区ならびに町内の共同意識を高めること。また近所付き合いを大切にし、互いに近隣に迷惑を掛けないよう心掛け、トラブルは話し合いで解決するよう努力すること」といった当たり前のことではあるが、今欠けている意識を再度認識させる記載がなされている。以降、消火用バケツの設置など防火や防犯への取り組み、「かど掃き」の実践などの環境面での取り組みなども記載されている。

(2) なぜまちなみ保存に町式目が必要か

こうした日々の取り組みを規定して、それを皆で守る意識を育てること、これが引いてはまちづくり、まちなみ保存につながっているのだと私は考えている。

祇園町南側地区では町式目以外にも様々な規制がある。例えば、店舗や自宅の改修時には上下水道やガス管の付け替えが発生することも多く、道路を掘り返すことがよくある。これが継ぎはぎ道路を作っていることは言うまでもない。ましてや祇園町南側地区では、電線類も地中化しているわけだから、自由な設計で建物の改築や新築を行う時に、必ず道路部分の掘削が行われる。その際一般のアスファルト道路の掘り返しと同じことを認めてしまうと、花見小路通沿いの店舗や住宅で改修が行われるごとに、道路の形態は変わっていき、何年も経たないうちに当初のイメージを大きく損なうものに変わってしまうことがわかっている。

そこで、道路をいじる際には、石の切断は認めず、同じ場所に同じ石を復元させる。また観光バスが通ることもあり、石の下の地盤面の強度も通常より高いものを設定しており、その復旧を必ずさせることとなっている。このことは、改修に一般よりも多額の負担を強いることになっているが、それを新しく入ってくる人を含めて誰もが理解するためには、この電線類の地中化と石畳化が実現された花見小路通に日頃から愛着を持ち、そして大事にする気持ちをつくらなくてはならないのだ。道路ができる時までは、多くの地域住民が関与する例は多いのだが、多くはそこで取り組みが終わってしまい、つくるまでの苦しみも、また楽しみも時間の経過とともに薄れることで、単発的に発生する維持管理への負担に対して、結局負担感のみが募ってくることになり、まちづくりやまちなみ保存が頓挫する例が多い。そうした意味からも、道路整備が終わった後に、このような「町式目」がつくられ、それを規範に生活することになって

図 10　雨の花見小路

いることは、いつまでもこの通りを、この町を愛する地域住民を養成することになり、将来に渡って皆の努力のもとで風情を残していくことにつながるものと思っている。そうした意味からも、住民の総意で「町式目」がつくられていることはたいへん大きな意味がある。

私は当時、NPO法人アートテックまちなみ協議会の理事長として携わらせていただいた。祇園町南側地区は杉浦貴久造さんというリーダーシップがあり、率先垂範できる人がいたからこそ、しんどい決定であっても地域住民の理解を得て進めることができたことを知っている。こうしたリーダーがいて、自分達の住んでいる町のことを真剣に考え、そして一時的ではなくいつまでも残すための取り組みが町全体で進められなくては、いくら多額の費用をかけても、また苦労の上で調整しても、完成した電線類の地中化や石畳化の効果は少ないと思われる。

目線から電線類がなくなるといった一面的なことを目的とするのではなく、まちなみ景観保全やまちづくりのステップとして捉え、まずは目に見えるところから変化をつくることで、地域住民の思いを共有化させるための手段として考えて、取り組んでいただきたいと思っている。その際に、私たちのNPOが役に立てることがあれば、是非声を掛けていただきたい。

注

1)　かど掃き：家の前の道路を毎朝掃除すること。

2)　祇園町南側地区協議会「祇園町南側地区にふさわしくない業種として参入を規制している業種」
特定非営利活動法人祇園町南側地区まちづくり協議会「調査報告書」2004年3月20日
祇園町南側地区協議会「平成16年度総会資料」

3)　建築基準法第42条3項（道路の定義）
　3　特定行政庁は、土地の状況に因りやむを得ない場合においては、前項の規定にかかわらず、同項に規定する中心線からの水平距離については2m未満1.35m以上の範囲内において、同項に規定するがけ地等の境界線からの水平距離については4m未満2.7m以上の範囲内において、別にその水平距離を指定することができる。

事例07
昔からの商店街

▷枚方宿（大阪府枚方市）

住民によるにぎわいづくりのなかで裏配線への試行錯誤が続く

加藤寛之

7.1　枚方宿地区の概要

枚方は、京都と大阪の中間に位置し奈良にも近く淀川にも面していることから、古代より交通の要衝であった。豊臣秀吉の時代には、淀川両岸に長さ1万5,281間（約8.4km）のいわゆる「文禄堤」がつくられ、伏見を中心に水陸の交通路を整備し、このことが枚方宿成立の契機となったのである。江戸時代には徳川家康の五街道の整備に伴い、文禄堤が再整備され、京と大坂のあいだに伏見・淀・枚方・守口の4宿が設けられた。枚方宿では岡新町・岡・三矢・泥町の4村が宿場町に指定され、1843（天保14）年には戸数378戸、人口1,549人、旅籠69軒、東西の延長約1.4kmの大きな宿場町となった。このような宿場町の歴史と文化を背景に、まちなみ形成とにぎわいづくりを同時進行で進める取り組みが始まったのである。

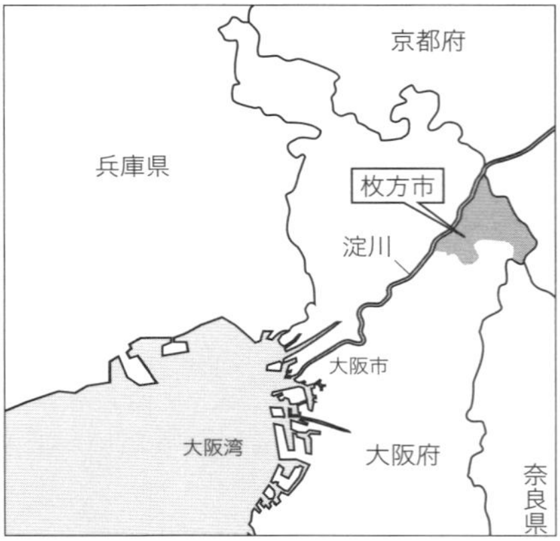

図1　枚方市の位置

現在の枚方市は、人口約41万人(2010年4月現在)、大阪府の北東部に位置し、まちの中心である京阪本線枚方市駅は日々約9万人の利用がある。駅周辺には、再開発ビルや商業施設が立ち並ぶとともに、市役所や市民ホール、福祉施設、近年整備された関西医大病院など都市的な施設が集中し、まさに枚方市の中心的な場所といえる。枚方宿地区は、このようにまちの中心でありにぎわいのある枚方市駅と、隣の枚方公園駅を両軸とし、東見附から西見附まで13町17間（1,447.6m）、面積約0.21km^{2}のエリアで、今も当時の面影を残す貴重な歴史的空間である。

7.2　地域におけるまちなみづくりへの取り組み

(1)取り組みの背景

本格的なまちなみづくりへのスタートは、1999年10月の「枚方宿地区まちづくり研究会」の発足だ。枚方宿地区の8自治会と商店街、京阪本線枚方市駅前再開発ビル「ビオルネ」、商工会議所、観光協会などで構成され、私たち専門家もお手伝いしながら枚方市が事務局となり勉強会を始めた。

勉強会では、地域の歴史やまちなみ、住環境に関する現況調査をはじめ、住民が主体となって行動するための組織のあり方や方法について検討を重ねた。また、地域住民へのアンケートを実施し、まちづくりニュースを発行するなどして地域への理解を深めつつ、情報発信を行ってきた。1999年11月のアンケートでは、約6割の住民が、電柱がまちなみ景観を阻害する要因であると答え、8割を超える住民が「まちなみの調和」を支持する結果となった。

このような経過を踏まえ、2000年6月に「枚方宿地区まちづくり協議会」を設立し、「まちづくり構想」の第一歩として、まちなみ形成に向けた地域住民による「街づくり協定」が締結されたのである。

並行して2000年度には、「まちづくり構想」を具現化していくため、国土交通省の街なみ環境整備事業の計画づくりに着手し、2002年より道路美装化や案内板設置、建物修景事業等が始まり、協議会が主体となるガーデニングやイベントなどの地域活動も本格的に始動する。

(2)まちなみづくりへの意識を高める具体的な手法

a. 自然な統一感のあるまちなみづくり

2002年より取り組んできた街なみ環境整備事業において注目すべき点は、「街づくり協定」に基づき、毎年数件ずつ民間建物への修景助成をしてきたことである。

これまで20件の修景事業の取り組みは、近代化の波にさらされ続けて崩れつつあったまちなみに、道路の美装化と相まって、一定の統一感を創出する試みとなったといえる。このことで、まちなみが徐々に良くなっていくにつれ、電柱をなんとかできないかという思い、無電柱化への期待も高まっていったのである。

街なみ環境整備事業における助成制度は、地域に規制をかけるのではなく、まちなみの調和をめざす個人を支援するというもので、罰則規定がない。強制力がないため、地域住民の理解を得やすいわけであるが、みんなで決めた紳士協定という見えないルールは、やはりそれなりの抑止力が自然とできあがるもので、枚方宿においても極端にまちなみを壊すような建物は今のところ出ていない。地域住民の間で自然と共有されたまちなみづくりへの意思は、新しい建物を建てる場合や建物を改修する場合に、地域住民の心の中に少なからずまちなみへの配慮を意識する気持ちをつくり出すことに成功したといえる。

修景事業のガイドラインは、改修の基本的な方針を示し、細かな意匠に関する規定は最小限に留め、地域を良く知り、各地で町家修景に携わってきた専門家が案件ごとに修景イメージを作成し、施主と話し合いを重ねながら工事図面に落とし込んでいくという作業により進めてきた。その結果、それぞれの建物の良さを生かした改修がなされ、重要伝統的建造物群保存地区の整然としたまちなみとは違うが、自然な統一感のあるまちなみが創出されつつあり、地域住民のまちなみへの意識も高まってきているといえる。

b. 協議会での様々な取り組み

協議会では建物の修景事業と並行して、ガーデニングに力を入れてきた。全国の商店街や自治会のいわゆる「花いっぱい運動」ではなく、地域住民が自ら

図２　ガーデニング講座

図３　ジャズストリート

ガーデニングスキルを向上させ、ガーデニングを通じた地域コミュニティづくりをめざし、自然とまちなみに関心を持ってもらうという仕掛けであり、まさにコミュニティ・ガーデンの理念に基づく取り組みである。美しいまちなみを作りましょう、というのはかけ声としてはわかりやすいが、実際にはどう取り組んでよいのかわからない。しかし、ガーデニングに参加することで、まちなみを意識し、地域の景観づくりに寄与できるというのがポイントだ。

また、2004年11月からは枚方宿ジャズストリートと題して、街道沿いのお寺などを利用したジャズイベントを行っている。お寺の境内やお堂の中で聞くジャズは新鮮で、多くの人が訪れ、地域の資源やまちなみを内外にアピールする良い機会となっている。ガーデニングもジャズも、枚方宿ではまちなみづくりの一部なのである。

c. 枚方宿らしいまちなみづくりへ

このような取り組みの中、協議会の役員会や地域住民の中から「景観が良くなっても、元気のないまちでは仕方がない、枚方宿らしくないのではないか」という思いが強くなってきた。全国にきれいなまちは沢山あるけれど、枚方宿の目指すのは美しいだけではない。枚方宿は宿場町として、多くの人が往来し滞在したにぎわいのあったまち、また近代においても、枚方市の中心としてたくさんの市民が訪れ、憩い楽しんだ場所であったという誇りと自負がある。昔は、人が行き来するのもたいへんなくらい人がたくさん集まってきたという商売人の言葉が、まちづくりのリーダーたちの脳裏をよぎる。しかし現在は、人通りは減り、空き家や空き地が増え、枚方市の中心にあるにも関わらずその中心性や求心力が失われつつある。このような現状をどうやって変えていくか、その思いが枚方宿のまちなみづくりを次のステップに導くことになる。

(3)まちなみを意識したまちのにぎわいづくりに向けて

a. 活性化への動き

2005 年に入り、地元企業や地元出身の大企業、行政が入り、私たち専門家もアドバイスをしながらまちなみを活かしつつ都市としての魅力とにぎわいづくりに向けた活性化の方向性と仕組みについて検討をはじめた。その結果、「枚方宿町家情報バンク・五十六番館」を立ち上げ、建物や土地の所有者と、それを活用したい人たちをマッチングさせる仕組みを作った。

2006 年 4 月 1 日には「枚方宿町家情報バンク設立記念フォーラム」を開催。

図 4　活性化プロジェクトイメージ

フォーラムでは、枚方出身で大阪王将の全国展開を中心に外食産業で活躍するイートアンド㈱の文野社長から、「新世代くらわんか――人が集まる魅力的なまち」と題して、江戸時代、豪放磊落な商売人気質をもっていた「くらわんか精神」を今の枚方宿で再構築していこうというコンセプトが打ち出された。また、情報バンクは、枚方市駅前再開発ビル「ビオルネ」社長である藤田氏が代表となり、「若者の起業を支援していきたい」というメッセージとともに、これを機に枚方宿活性化の動きを加速させていこうという思いが結集したのである。

枚方宿での情報バンクの特徴は、空き物件をインターネットなどで紹介するのではなく、借り手が地域を理解し、地域住民が借り手の人となりをしっかりと見極める機会を持って進めていることである。そのため、借り手には多少面倒でも、年数回の見学会を通じて地域を見てもらい、地域住民と交流を持ちながら空き物件を紹介するという手法をとっている。そこには、出店する人や枚方宿で住みたい人が、地域に根ざして、また地域住民が取り組むまちづくりに共感をしてもらいながら商売や生活をして欲しいという地域の願いがある。枚方宿の景観形成を理解しない出店者はお断りなのである。貸し手と借り手の仲人として、情報バンクはまちなみづくりの一環であるという認識がそこにはある。

空き物件を探し、その所有者と交渉にあたるのは地域住民が主体となって取り組む。というのも、地域で使われていない不動産というのは、誰が所有者であるのかがすぐにはわからず、不動産業者も情報を持っていない場合も多い。

図５　a new sprout

図６　モガジョガ

図 7　ルポデミディ

図 8　manicafe

そのような不動産に関する情報収集は、行政職員が尋ねに行くことは職務上難しく、面識のない私たち専門家が単独で行くこともできない領域になる。そのため、地域を挙げて情報バンクに取り組み、建物や土地の所有者に地域住民が自ら枚方宿での取り組みを説明することで、地域住民の間でのコミュニケーションが活発化され、美しいまちなみをつくろうという意識にもつながっていく。

情報バンクでは、枚方宿まちづくり協議会の役員を中心に、各町内にある空き物件や空き地を洗い出し、所有者を突き止めるための担当者を割り当てて情報収集を行っている。その結果いくつかの活用可能な物件が確保され、これまで 3 件の店舗を導入するとともに、この動きと並行して 1 店舗が開店し、2006 年からの 2 年間で 4 件の店舗が営業をはじめるという成果に結びついた（図 5 〜 8、現在 5 件目がオープンに向けて準備中)。情報バンクの見学会には多くの応募があり、それが次の動きとなって、今枚方宿で最も人を集めるイベント「枚方宿くらわんか五六市」につながっていったのである。

b. 枚方宿くらわんか五六市

現在情報バンクの登録者数は 100 人以上になっている。多くの人がこのまちの良さを感じ、お店をしてみたい、住んでみたいという気持ちを持っているという事実が明らかになったのである。そうなると、ますますまちなみへの意識も高まっていく。美しいまちなみは人を惹きつけることが地域全体に徐々に理解されてきた。

情報バンクの登録者が、どのような商売をしたくて、どのような商品を取り

図9　くらわんか五六市

扱って、どんな人柄なのか、見学会ではまだまだ見えない部分がたくさんあった。枚方宿で商売をしたいと思っている人はどんな人なのか。枚方宿のまちづくりを理解し、まちなみづくりに貢献してくれる人なのかを知りたい。そこで、毎月1回枚方宿で商売ができる機会をつくり、その人の商売を実際に見ることができるイベントを実施することになった。「枚方宿くらわんか五六市《ごろくいち》」である。

五六市は、単なるイベントではなく、商売人を地域の人が見極めることができ、本当に商売として成り立ちそうな起業家を地域で応援していくことを目的としている。また、1店舗当り3,000円（当初は2,000円）を協力金として徴収しており、それを次の事業に投資していくことも視野に入れたイベントになっているところも注目に値する。この事業は、2010年5月現在で約500万円の資金を集め、出店者の起業を支援できる準備が整いつつある。

五六市は毎月第2日曜日150店舗が出店する地域の一大イベントに成長した(http://gorokuichi.net)。五六市の実行委員会は女性が中心となり進めている。地域住民と出店者が実行委員会を組織し、行政や私たちが支援をしながら、まちづくりによくあるお堅い前になかなか進まない会議ではなく、みんなが楽しく思ったことを言い合いながら、それぞれの能力を出しつつ協力している。毎月のイベントはノンストップだ。現在では地元の大学生も加わり、実行委員会もより一層にぎやかになった。子ども向けのイベントや企画を毎月実施するなど、多く来てもらっている若いお母さん層にあわせた催しを取り入れ、イベント当日は、たくさんの人が街道を行き来する。

7.3　無電柱化への動き

(1)無電柱化への取り組みと地域住民との協働

修景事業はもちろん、ガーデニングやイベント、店づくり等、枚方宿での取り組みは地域住民にまちなみづくりを意識してもらえる良いきっかけとなり、美しいまちなみによるメリットを実感してもらえる機会となった。イメージを提示したり、ニュースを発行したりするだけではなく、実際に行動して具体的に見せるまちづくり手法が、地域のまちなみづくりへの気運を加速させた。この流れから無電柱化への取り組みもスムーズに進められるはずであった。

しかし、大阪府からの資金的な支援を受けることにより実現に近づいた無電柱化への動きは、大阪府事業へのモデル地区選定申請プロセスで、これまで一緒に取り組んできた協議会と枚方市の十分な話し合いが行われていなかったことで、多少の後戻りを強いられている。無電柱化は地域住民の大きな関心ごとであり、悲願であったにも関わらず、市が単独で住民の合意形成に取り組む状況になっている。現在は、岡本町と三矢町の一部で実施を予定しているが、説明会も市が単独で行い、かつ二つの町別に行うなど従来の行政事業における地元説明会と同じパターンで進んでいるのが現状だ。地域住民は事業の受け手であり、行政が公共事業を進めるという従来型の構図となっている。枚方宿では地域住民が参加するまちづくり協議会が活発に活動し、行政と住民との連携が取れていたにもかかわらず、無電柱化においては、まだその力が発揮されていないことは、今後の課題といえる。

(2)無電柱化に向けた経過

2008年1月に当選を果たした大阪府の橋下知事は、「大阪の魅力、資源を再発見し、磨き、有機的に結び付けていく」という理念のもと「大阪ミュージアム構想」を打ち出した。毎年モデル的に魅力ある都市を選定し、大阪府が資金的な支援をする。

枚方宿は、これまでのまちづくりの取り組みが評価され、見事初年度の2008

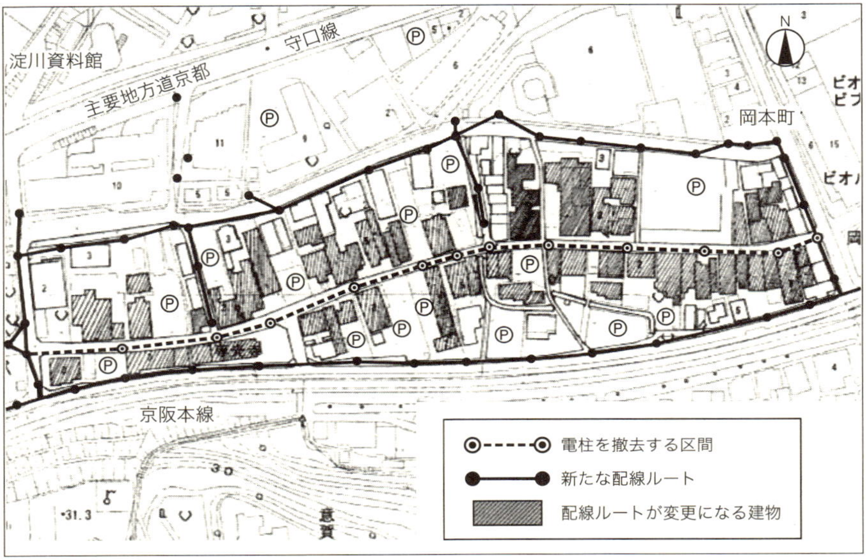

図 10　無電柱化事業平面図

年に大阪府で唯一の重要伝統的建造物群保存地区である富田林市寺内町とならびモデル地区の選定を受けた。枚方宿で取り組んできたまちづくりの成果があったからこその選定である。この選定を受け無電柱化の実現に向けて第一歩を踏み出し、これまでの取り組みを一層強力に推進することになった。

無電柱化は、当初街道の一部を地中化により実施する予定であったが、現在は 1.4km を四つの区域に分け、街道と平行に走る南北の道路から街道沿いの建物に電線を引き込むという方法を採用することになった。裏配線方式を採用した理由は、街道は幅員が約 4m 程度と狭く、路面下に上下水道などの地下埋設物が集中しているため地中化に必要な共同溝整備が困難であるとともに、路上変圧器の設置が難しいからである。また、将来的に必要とされるであろう雨水管の整備スペースを見込んでおく必要があるという行政的判断もあり、地中に施設を設置するのではなく裏配線方式を採用することになった。他地域で事例のある軒下配線方式については、すでに大きく景観が変化している枚方宿では民間建物の軒下高が一定ではないため採用が難しいという結論であった。

現在枚方市では、無電柱化に向けて電線管理者等との協議を開始している。2008年8月には関西電力㈱との第1回目の協議を行い、その後NTTやケイオプティコム、ケーブルテレビとの個別の相談を経て、2009年7月に第1回全体会議として関係各社を集めた協議を持ち、枚方宿の無電柱化実現に向けて動き出しているところである。

(3)裏配線方式を実現するための試行錯誤

枚方宿では、街道の電柱をなくし、各建物に引き込んでいた電線類を、街道を挟むように南北に平行に走る道路から街道沿いの建物に引き込むという裏配線方式を採用することになっている。この方式は、地中化方式に比べ工期の短縮とともにコスト面でもメリットが大きく、また共同溝等の埋設が必要ではないため工事期間において長く道路の使用ができなくなるといったデメリットもない。

しかし、街道側の建物に電線を引き込むためには、裏配線のルートとなる道路上の電柱を経由して、その道路に面した土地の上に電線を通過させる必要がある。街道と裏配線の道路間の土地が同じ所有者の場合には引き込み口を裏側に回すだけで解決できるが、土地の所有者が異なる場合、街道側建物への配線を実現するためには裏配線ルートに面した他人の土地の上を通り電線を引き込まなければならない。裏配線ルートに面した土地の所有者の意向や思いは様々で、空き地になっている土地もあれば、今は住んでいるけれど売却の予定がある場合はどうするかなど、電線を引き込むための上空専用の理解と解決方法は一筋縄ではいかないのが現実である。

さらに課題となっているのは、関西電力の電線についてである。裏配線の場合、街道側の建物まで支柱なしで配線することは、たるみ等が起こる可能性があり困難である。そこで電線を電柱から建物に引き込むため、電柱と街道側建物の間に途中で電線を支持するための支柱を設置することになる。この支柱を他人の土地に設置することも課題になるわけであるが、関西電力「内線規定」においては、電柱から支柱までを電力会社が施設工事および維持管理するとし、支柱から建物までの引き込みは電力使用者の負担となるとある。枚方市としては、今回の工事においては支柱から建物までを枚方市の工事として行う予定であるが、工事後の維持管理については枚方市が負担することを約束するのはとても困難である。結果その費用は電力使用者の負担になり、例えば災害復旧の際にはどうなるかなど、街道に面する建物所有者の理解を得難くしている。NTTやケイオプティコム、ケーブルテレビは電柱から建物までのすべての電線について各社負担で工事し維持管理するため問題ないのであるが、今後関西電力との協議において柔軟な対応を求めるとともに、すでに裏配線を実施した地域において電力会社が維持管理をすることになっている事例もあることから、それらの研究も含め対応が必要となっている。

(4)無電柱化の実現に向けて

裏配線方式には、様々な課題があるわけであるが、枚方宿では枚方市が主体となって無電柱化の事業を進めていくこととなったため、枚方市行政が中心となって事業推進における関係者や地域住民の合意形成を図っていくことが必要になっている。他都市の事例では、電力会社が中心となって実施したものや、国や都道府県の強力なバックアップのもとで実施したものなどがあり、その場合には、関係者との協議や地域住民のコンセンサスや個別対応なども基礎自治体だけではなく電線管理者が共に取り組んでいる。

枚方市においては、電線管理者との協議を受けて、裏配線の対象となる街道沿いの地権者約360件への個別同意を枚方市が中心となって取って欲しいということになった。電線管理者としては、この同意がなければ事業を進めることができないとして、まずは対象地権者の理解と事業への同意確認を枚方市が独自で取り組むことになったのである。これまで行政と住民が二人三脚で多くの取り組みを行ってきた枚方宿においても、すべての地権者の事業に関する同意を取っていくのはそう簡単なことではない。

枚方市の担当課総動員で１件１件回って当たるものの、すぐに理解をしてくれる地権者もいれば、なかなか会うことのできない地権者、すでに枚方宿には住んでいないため連絡のとれない地権者など、対象地権者すべての同意を得ることは難しい状況であった。無電柱化は、枚方宿を四つのエリアに分けて行う計画としている。その中で岡本町と三矢町を含むエリアの地権者においては、9割以上の同意が得られたことから、先導的にこのエリアで無電柱化を実施することになり、事業推進に向けた説明会を開催し、個別対応に取り組んでいるところである。

まさに進行中の無電柱化への取り組みであるが、今後これまでのまちづくりにおける様々な成果を地域の結束力に変えていくことが必要である。協議会の中に無電柱化に向けた部会を設置するなど、枚方市担当課が積極的な情報共有と意見交換を行いながら、地域の合意形成に向けて一緒に取り組む体制づくりが求められているといえる。

事例 08

歴史的商店街

▷川越一番街（埼玉県川越市）

住民の熱意と行動が市を動かして、美しい無電柱の蔵造りの家並みが復活した

NPO 法人電線のない街づくり支援ネットワーク

8.1　川越一番街の概要

川越市は都心から 30km 圏に位置するベッドタウンであるが、豊かな歴史と文化を資源とする観光をはじめ、近郊農業や流通業、伝統に培われた商工業など、都市機能が充実しているため、埼玉県西部地域の中心として発展を続けている。

武蔵野台地の先端に位置し、以前は東、北、西と田圃で囲まれ、米の市があったという。周囲から集められた産物を新河岸川により、舟で江戸まで食料を運ぶ重要な場所であった。しかし、1893（明治 26）年の川越大火で街の 3 分の 1 が焼失。復興にあたり商人たちは、日本の伝統的な耐火建築である土蔵造りを採用した。

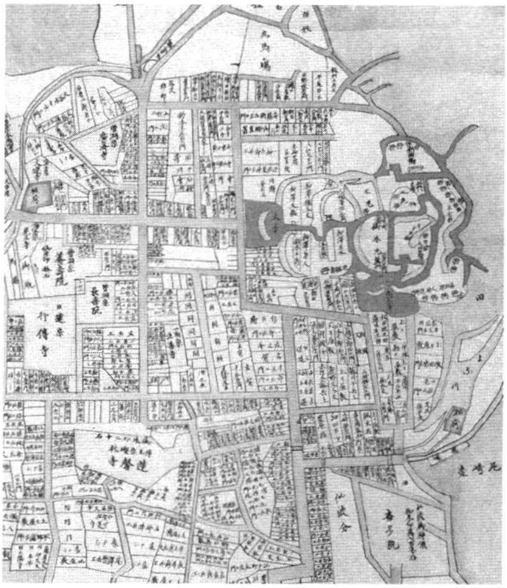

図 1　古地図（1694（元禄 7）年）（出典：川越市立図書館蔵）

蔵造りのまちなみは、西武新宿線本川越駅から 15 分ほど歩いたところ、「仲町」交差点から「札の辻」交差点にかけての区画「一番街商店街」にあり、その距離はおよそ 430m である。道路沿いには蔵造りの建物だけではなく、洋風の外観の建物も美しく並ぶ。このように、江戸時代の

図２　川越の蔵のまちなみ（写真提供：可児一男氏）

伝統的町家から昭和初期の洋風建築にいたる、各時代の建物が残り、調和の感じられるまちなみを形成しているのが、川越の町である。そして、1999年12月には国の「重要伝統的建造物群保存地区」に、2007年１月には「美しい日本の歴史的風土100選」にそれぞれ選定された。

特徴として、①「時の鐘」や「埼玉りそな銀行川越支店（旧第八十五国立銀行）」以外は、ほとんどが２階から３階の低層の建物である、②各建築物がほぼ同じ屋根勾配で、２階の壁面の位置が揃っており、統一感がある、③間口が狭く、奥行きの長い形状が多い敷地で、高密度のまちなみである、④高密度ながらも日照・通風を確保する工夫がなされた建築設計であることが挙げられる。

8.2　景観形成とまちづくりの取り組み

(1) 背景

川越は、江戸時代から近代に至るまでの、各時代を代表する優れた建築が並ぶ町である。そのため、まちなみ保存の考え方も、ある時代のまちなみを復元し保存するのではなく、川越の歴史と暮らしを大切にしたまちづくりの知恵を受け継いでいくことにある。

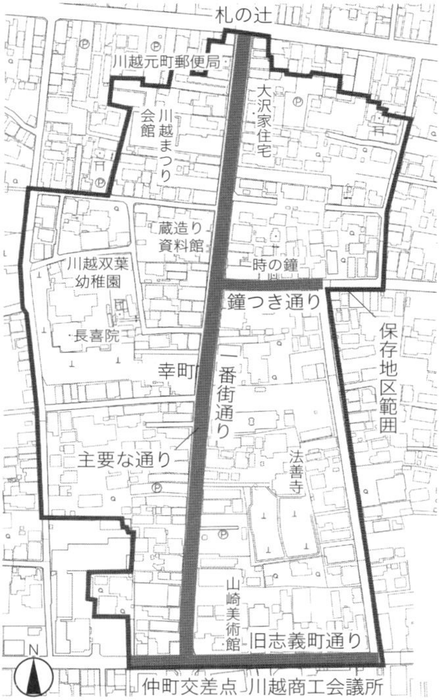

図３　川越伝建地区の範囲（図版提供：川越市）
仲町交差点〜札の辻交差点間が電線類地中化区画。太線内は重要伝統的建造物群保存地区。

また、まちや建物のイメージとして江戸時代風ととらえられがちだが、実際には明治以後のものが多い。したがって、川越固有の歴史や文化を正しく理解し、歴史の安易な模倣を避けることが、川越らしさにつながっていく。

そして、この川越らしさを守っていくために、建物ばかりではなく、緑や門塀、照明や道のつくりなど、様々な主体が協力し、まちづくり意識を共有することによって、まちなみは守られ魅力も向上していくのである。

（2）経過

戦後の都市化の影響によるまちなみの変化に対し、蔵造りの建物やまちなみを残していこうと、1983年に市民団体「川越蔵の会」が発足した。当初は４人から始まり、今では会員数約200名。それだけ、蔵造りのまちなみを守りたい、保存したいと考える人は増えてきているということがわかる。

また、1987年には、川越一番街商店街によりまちなみ保存のための自主的協議組織「一番街町並み委員会」が発足した。否定文をなるべく避けた、こうしましょうという提案型ルール「町づくり規範」も策定し、歴史的まちなみを残すだけではなく、暮らしやすいまちづくりも同時にめざすという考え方を大切にしている。

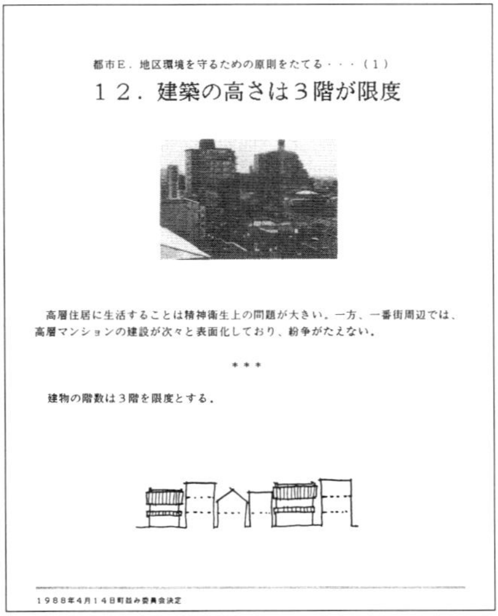

都市E．地区環境を守るための原則をたてる・・・（1）

12．建築の高さは3階が限度

高層住居に生活することは精神衛生上の問題が大きい。一方、一番街周辺では、高層マンションの建設が次々と表面化しており、紛争がたえない。

＊＊＊

建物の階数は3階を限度とする。

1988年4月14日町並み委員会決定

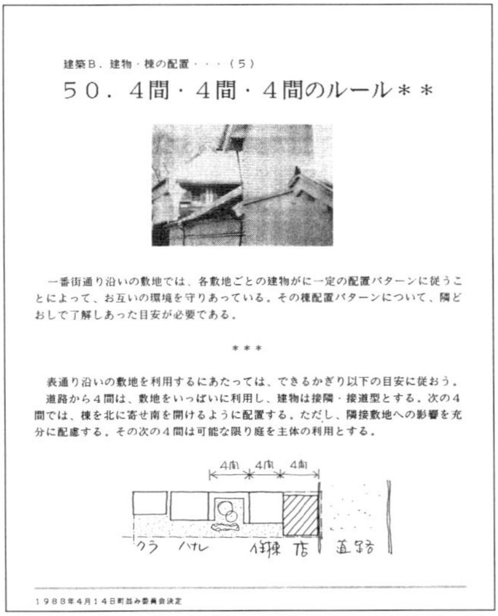

建築B．建物・棟の配置・・・（5）

50．4間・4間・4間のルール＊＊

一番街通り沿いの敷地では、各敷地ごとの建物がに一定の配置パターンに従うことによって、お互いの環境を守りあっている。その棟配置パターンについて、隣どおしで了解しあった目安が必要である。

＊＊＊

表通り沿いの敷地を利用するにあたっては、できるかぎり以下の目安に従おう。

道路から4間は、敷地をいっぱいに利用し、建物は接隣・接道型とする。次の4間では、棟を北に寄せ南を開けるように配置する。ただし、隣接敷地への影響を充分に配慮する。その次の4間は可能な限り庭を主体の利用とする。

1988年4月14日町並み委員会決定

図4　町づくり規範（一部抜粋、提供：可児一男氏）

8.3　電線類地中化の実際

(1)電線類地中化の経緯

川越における電線類地中化の提案が登場したのは、1985年度の「コミュニティマート構想モデル事業」である。川越一番街商業協同組合は、川越蔵の会の助言によって同モデル事業に応募することとなり、同年、中小企業庁より認定された。協同組合はモデル事業の報告書をまとめるにあたり、町並み委員会の発足、町づくり規範の作成等様々な提案を盛り込んだが、その中で初めて電線類地中化が検討課題に挙がった。

電線類地中化の実現に向け、最初に相談に行ったのは東京電力である。しかし、そこでの反応は冷たいものだった。商店街が費用を出すならばすぐ実施するというのだが、その費用は概算で10億円と、途方もない金額だったという。電線類地中化の効果は景観上のメリットのみで、電力消費の増加にはつながらない、というのが理由であった。

電線類地中化に向けた住民からの提言は、地道に続けられていった。川越蔵

図５　歩道整備前（写真提供：可児一男氏）

の会は東京電力に続いて、川越市と川越土木事務所に対し、「蔵のまちなみは川越の顔である」として申し入れを行った。さらに川越市に対しては、関係４町の自治会長名で要望書を作成し、提出した。

その後も地道な活動が続けられ、徐々に市の協力が得られるようになっていった。1988年、川越市道路維持課により埼玉県に対し、電線類地中化５カ年計画に川越の整備を組み込むよう要請が行われた。東京電力へのアプローチも再び試みられている。

同年、商店街活性化モデル事業に伴い、電線類地中化に関して自治会長および商店街共同組合理事長から要望書が提出された。これは、ちょうど同時期に計画された下水道整備に合わせ、電線類地中化を計画したいという内容であった。下水道整備は、川越に道路掘削のチャンスを与えたのである。

(2)電線類地中化の実現

1988年10月より地元説明会を開催するなど、本格的に事業が開始された。ここで行政から「東側・西側それぞれ５カ所に地上機器トランスを設置する場所を確保する」という条件が提示された。通常は歩道内に設置するのだが、川越一番街は歩車道が分離されておらず、設置場所が存在しなかったのである。商店街は民地内での設置場所を求め、住民の協力を仰いだ。およそ１年間の協議により、最終的に必要な敷地の承諾を得て、1990年４月に地中化促進会議が発足した。委員会は川越市が中心となり、関係会社・各社を招集した。

地中化促進会議は工事にあたり、道路の片側封鎖に伴う路線変更をとりつけた。また各町内で説明会を数回行い、着工への準備を整えた。

こうして川越での電線類地中化は、最終的に行政主導で進んでいくこととなった。下水道の見直し工事に合わせたことで、商店街の負担がなかったことが実現を大きく近づけた。電線共同溝方式も検討されたが、最終的には各電線事業者がそれぞれの工事・設備の維持管理を行う単独地中化方式が採用されている。工事は1991年3月から開始し、1992年9月30日に完成した。商店街は、併せて歩道部分の石張化などの整備も要望していたが、同時期には実現できなかった。歩道整備は2003年から実施され、現在では美しい石張路面が広がっている。

図6　歩道整備イメージ（写真提供：可児一男氏）

図7　地中化導入前（上）と導入後（下）の「札の辻」（写真提供：同上）

民地内に設置された地上機器トランスは8器で、川越市がそれぞれの土地所有者と土地賃貸借契約を締結している。トランスの維持管理は東京電力が行うが、川越市から東京電力に又貸しという形態をとっている。賃貸契約期間は10年で更新となり、賃借料を定め、毎月、川越市から賃借者へ支払いをしている。

1893（明治26）年川越大火後　その年に上棟した

1985（昭和60）年ごろ

1989（平成元）年ごろ

2010（平成22）年

図８　電線類地中化による景観の変化（写真提供：川越市）

(3) 電線類地中化の実現要因と成果

電線類地中化に要した最終的な費用は約８億円で、電力会社で提示された当初の金額よりかなり下げることができた。費用負担は、掘削・配管・埋め戻しを電線事業者が負担し、舗装工事を市が負担する形となり、住民の費用負担は一切発生していない。その代り、一部の民地を地上機器トランスの設置場所として提供することで、官民の合意が形成された。行政側と住民側が互いに歩み寄ることで、コスト問題とトランス設置場所の問題という、一般的に電線類地中化の実現の障害となる２点をクリアできたのである。

川越の事例が成功した直接的要因は、タイミングよく下水道見直しの機会が訪れたことである。これによって、最大の課題であるコスト面での折り合いが付けられたことが、電線類地中化の実現を近づけた。しかし、下水道見直しを地中化の実現までつなげたのは、紛れもなく住民の地道な努力によるものである。

今まで電柱・電線によって隠れていた蔵造りのまちなみは視界が開けたことによりビジュアル化し、街の

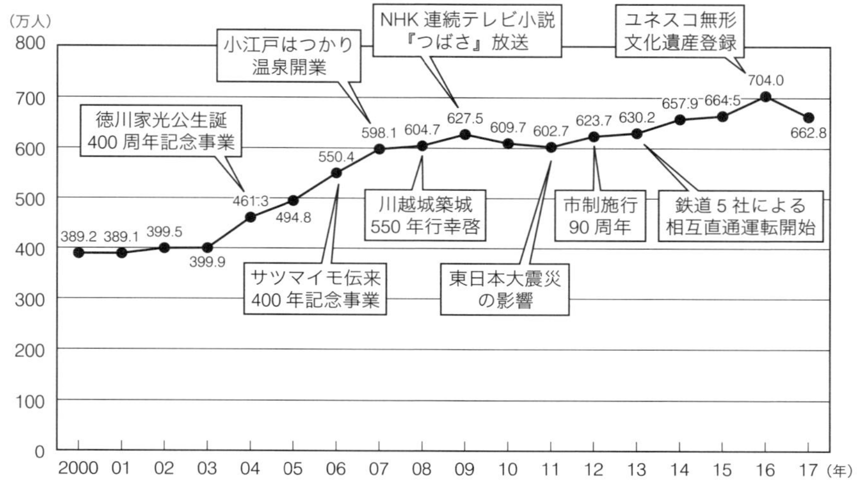

図 9　川越市入込観光客数の推移（川越市資料による）

景観は一変した。道路に対して平入りの屋根が、上に行くほど空間の広がりを見せ、ゆったりとした独特の空気を醸し出している。観光面での効果も大きく、「小江戸 川越」を印象付けた。NHK 大河ドラマ「春日の局」の効果による増加に都市景観という魅力を加えた。

1990 年には「川越市博物館」が開館し、まちの歴史を大勢の方々に知っていただけるようになったほか、川越駅の再開発により来訪者を迎える状況が整いはじめ、それまで年間 150 万人だった観光客は、一気に 400 万人に増加した。現在も市民組織は会員を拡大しており、電線類地中化を活かした商店街活性化の好例として他県からの視察も頻繁に訪れている。

取材協力

・可児一男氏（「川越町並み委員会」委員長、「川越蔵の会」初代会長）

事例 09

門前町

▷内宮おはらい町（三重県伊勢市）

住民・企業・行政による まちなみ保全事業のなか、市主導で実現

木村宗光・森建一

9.1　内宮おはらい町の概要

(1)歴史

伊勢は伊勢神宮の門前町として古くから発達してきたまちである。伊勢神宮は単に「神宮」と呼ばれるが、125の宮社の総称であり、その中心をなす二つの正宮が山田にある豊受大神宮と宇治にある皇大神宮である。皇大神宮は内宮《ないくう》とも呼ばれ、おはらい町はその門前町である。古くから伊勢神宮に参拝するために往来する参道であり、江戸時代には御師の館が軒を連ねたいへんなにぎわいを見せていた。

明治以降になると伊勢神宮は皇室の祖先を祭るものとして神格化され、集団参拝も盛んになった。内宮への参拝客は近年まで年間数百万人と変わらないにもかかわらず、御師制度の廃止と交通手段の変遷により、おはらい町を訪れる人が減っていくことになる。1914（大正3）年に宇治橋前まで市内電車が開通すると、おはらい町を通らずに内宮に参拝する人が増え、町は寂れる一方になった。

また戦後、1961（昭和36）年に市内電車が廃止されても観光バスで直

図1　伊勢市の位置

接に宇治橋前まで訪れ、さらにマイカーの普及でも、観光客はおはらい町を素通りして内宮にお参りし、自然豊かな志摩地方に向かうことが多くなった。昭和50年代（1975～1984年）にはおはらい町を訪れる観光客は年間20万人に落ち込み、活気のない寂れた街になっていた。

(2)経緯

1979年に地元の30～40代の約20人が会合をもち、活気のあるおはらい町の再生に向けて「内宮門前町再開発委員会」が結成され、「次の御遷宮までに再生しよう」という合言葉で第一歩を踏み出した。

この委員会では地区住民約80軒に趣旨説明を行うと同時に、建築家の故・清家清東京工業大学教授に依頼し、まちなみ調査やまちなみ保存の先進地の事例調査などを行った。

そして「内宮門前町再開発会議」が発足し、まちづくりの基本的な方針についての合意形成につとめ、1982年3月には「内宮門前町街並み保存」についての

図2　現在のおはらい町

図3　昔を取り戻したおはらい町

要望書が市、市議会に提出された。これを受けて、1986 年 7 月に「内宮門前町街並み保存等に関する請願」が市議会で採択された。

この間、まちづくりの方法として伝統的建造物群保存地区、地区計画、まちづくり協定、建築協定など様々な手法を、市民、専門家、行政が協働して検討してきたが、それぞれに一長一短があった。そこで、まちなみ保全計画案、整備基準および伊勢市まちなみ保存条例案の骨子の検討を行い、ついに 1989 年 9 月には市独自の条例「伊勢市まちなみ保全条例」が制定された。

1990 年 6 月には「内宮おはらい町まちなみ保全地区並びに同保全計画」が告示され、市民、企業、行政による「まちなみ保全事業」がスタートすることになった。ここまでの経緯には、まちづくりの主体である「内宮門前町再開発会議」の発意者である 3 人のキーパーソンと地元企業「赤福」とこれらを支援した行政、専門家の密接な協力関係によるものが大きいと考えられる。

9.2　保全地区の指定と魅力アップの取り組み

(1) 立地とまちなみ

内宮おはらい町は図 4 に示すように内宮への入り口である五十鈴川にかかる宇治橋から北へ川沿いの約 800m の沿道の地域である。今回はこのうち沿道 580m がまちなみ保存の地域として指定された。面積は 5 万 3,000m^2 におよび、対象戸数は約 56 軒、約 140 棟である。

伊勢のまちなみは建物が「切妻・妻入り」「入母屋・妻入り」の形態であるところが特徴である。一般の平入りのまちなみが「連続性」を感じさせるの

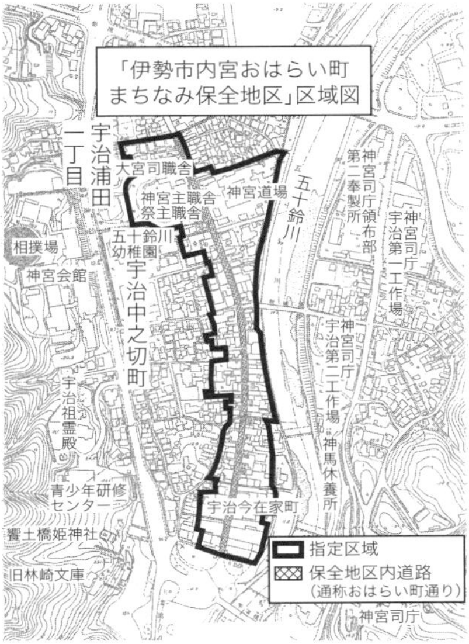

図 4　おはらい町の地図（太枠で囲まれた部分が指定された保全地区）

に対し、妻入りのまちなみは家々のファサードがのこぎり状に高低をつけ、リズム感を感じさせる。外壁は杉の赤味板を張り付けた外囲いを防腐塗料で黒く塗り、屋根は「伊勢瓦」で葺かれている。一階の軒庇の先端には「軒がんぎ板」という鼻隠しがすえられ、これがまちなみに連続性を持たせている。

(2)伊勢市まちなみ保存事業と伊勢市まちなみ保全条例

これらのまちなみを基本として、住民の生活を損なうことなく、往時のまちなみを再生することを内宮おはらい町のまちづくりの基本理念とした。伊勢神宮の建築が式年遷宮で再生されて蘇るように、凍結型の保存ではなく、新たに再生しながら、伝統あるものを残していくという遷宮のあるまちならではの手法が取られた。このことにより、住民に過大な制限をおしつけることなく、「生活のにおいのするまちづくり」を進めていくのがこの事業の特徴である。

図５　無電柱化前のおはらい町 (出典:伊勢市ホームページより)

具体的には12項目からなる「まちなみ保全整備基準」を定め、建築物などはできるだけ周囲の景観と調和をはかり、通りから見えるまちなみを揃えるように誘導した。

図６　電柱がなくなり空を取り戻したおはらい町 (出典:同上)

また保全地区内において

新築・増改築の修景を行う場合は、保全整備基準に基づき、伊勢の伝統的家屋形態を維持・再現することとし、必要に応じて3千万円を限度とする低利の資金の貸付を行う融資制度を設けている。この融資制度は「赤福」からの伊勢市への寄付金による基金を原資として行われている。

(3) 行政の取り組み

建築物の保存・整備の主体は住民であるが、行政としてはこの保全地区内で旧参宮街道の「石畳の道」整備事業と無電柱化のための電柱移設を中心になって行った。建築物のみが整備されてもアスファルト舗装道路を自動車が多く往来し、電柱や電線のあるままの景観では、往時の伊勢参宮街道のにぎわいや雰囲気を再現したとは言えない。道路管理者も市道と県道に分かれるが、協議を重ねて1990年以降に順次整備を進め、1992年10月には無電柱化工事が完了し、続いて1993年6月には石畳工事が完了し、無事に1993年秋の第61回式年遷宮を迎えている。

(4) おかげ横丁

旧参宮街道筋のおはらい町の中心部に、赤福餅を製造販売する㈱赤福の本店の他に鉄筋コンクリート造4階建の本社ビルが当時は存在した。この本社社屋を取り壊し、その跡地と買収した周辺敷地、合わせて約9,000m^{2}の土地に江戸から明治にかけての伊勢参宮街道のにぎわいを再現する店舗等（物販店、飲食店、展示施設など、現在は43店舗）をまちなみ保存事業とあわせて整備した。内宮おはらい町を訪れる観光客をもてなす施設が「おかげ横丁」である。

おはらい町で300年近く商いを続けてきた㈱赤福が年間売上に匹敵する総事業費をかけて取り組んだ事業であった。まちなみ保全事業の整備とあわせて計画が進められ、1993年7月に完成を見た。この結果、この前の通りの往来者は1992年に約35万人まで落ち込んでいたものが、1994年には200万人に急増し、その後も人数を増やし2008年には400万人を超えるようになった。おはらい町もかつての伊勢参宮街道のにぎわいを取り戻し、新たな店舗も増えてきている。

9.3　電線類地中化の成果と課題

(1)電線類地中化の技術的内容

電線類を地中化する場合に課題となるのは、いつも変圧器の設置場所である。新規の宅地造成地では自由に計画できるが、市街地や商店街で特に歩道がない道路の場合は、設置場所を見つけるのは難しい。

おはらい町においても同様で、関係者の強い要望として変圧器を旧伊勢参宮街道に設置したくないということであった。今回の計画では計画区域の幅が旧参宮街道(県道館町通線)から左右に 20 〜 80m と狭かったので、旧参宮街道のみ電柱をなくし、区域内の裏通りには電柱を残す計画とした。裏通りに残った電柱の柱上変圧器から各供給先には埋設配管で電力を供給する方式である。

無電柱化の事業費用については、「赤福」から拠出された基金を原資にして伊勢市が合わせて約１億１千万円の工事費用を負担して行った。中部電力および NTT も協力的で短期間でスムーズに事業が行われたようである。

観光客が通る表通りは、電柱や電線がなくなり、美しいまちなみが形成された。しかし区域内でも裏通りに入ると既存の電柱や電線が残り、今後、町全体の景観の保全に取り組む場合はより難しい課題が残る。

図７　無電柱化前の状況 (出典：伊勢市ホームページより)

図８　無電柱化工事の完了後 (出典：同上)

(2) 成果

おはらい町の整備とおかげ横丁のオープンにより、訪れる観光客は増加し、知名度が飛躍的に高まった。2008年にはおかげ横丁への来場者が400万人に達したことは前述した通りである。整備事業後に結成された「内宮おはらい町会議」が核となり様々な催しが企画、実行され、地元、観光客の交流が相乗効果を生んでいる。「おはらいまち通信」が発行され、地元住民のコミュニケーションが生まれ、地元と行政が一体となった活動により「おはらい町」は伊勢の新たな観光地として注目を集めている。

(3) 景観行政団体

その後、2008年3月から伊勢市は景観法（2004年制定）に基づく景観行政団体になり、2009年5月に景観計画を策定、同年10月よりその運用を開始した。その中で内宮おはらい町地区が二見町茶屋地区とともに景観計画区域の重点地区に指定された。あわせて内宮おはらい町地区は景観地区にも重複指定されている。

図９　裏通りに残された電柱と電線

重点地区の具体的な景観形成の方針で、①建築物の形態意匠等の配慮によるまちなみの保全と門前町としてのにぎわいの創出、②生活のにおいのするまちづくり、③まちなみの背景となる神宮宮域林などの自然景観への眺望の保全、が示された。景観地区ではより規制が厳しくなり、建築行為を行うときは「景観形成基準」に従った認定申請が必要で、違反した場合の罰則も定められた。従来より一歩踏み込んで、地域で景観を守っていこうという取り組みが整備された。

また、公共施設である道路も舗装の基準などが定められている。

図 10　おかげ横丁の入り口

(4) 課題

無電柱化とまちなみ再生により町が再びにぎわいを取り戻すことができた。条例に強制力はなかったが、景観形成基準により強制力のある体制ができた。しかしながら、将来にわたりまちなみの保全が維持されるかどうかは、長期にわたる住民の継続的活動にかかっている。

おはらい町を歩くと歩車が分離されておらず歩行者の中に車が入り観光客を追い払いながら通り抜けて行く。一刻も早く歩行者専用にしたいところである。

また、表通りを一歩入るとそこはまぎれもなく現在の日本の風景で、電柱により現実に引き戻される。無電柱エリア拡大、つまり線から面への拡大が望まれる。

このほか観光客は増加し、活性化の目的を達成したが、住民の日常生活環境と町の活性化との両立をどのように図るかが今後の大きな課題である。

参考文献

・伊勢市ホームページ

・DKM マネジメントレポート　Vol.341 1996 JUNE「伊勢おはらい町とおかげ横丁」

取材協力・資料提供

・伊勢市都市整備部都市計画課（坂田和則主幹、小長谷容子氏）

・浜田益嗣氏（元㈱赤福代表取締役会長）

第3章

無電柱化の方法

1

技術面から見た無電柱化

村上尚徳

技術面から見た無電柱化方式は、大別して電柱および電柱に架かる架空電線類をなくそうとする対象道路において、

①電線類地中化：対象とする道路空間もしくはその道路に隣接する空間において、既存の設備形態を変えることにより、対象道路から電柱および電柱に架かる架空電線類を見えないようにする方式。この方式の中には、民間の開発業者・ディベロッパーによる、新規の住宅開発地内の開発道路や私道で電線類地中化する方式（要請者負担方式）も含まれる。

②電線類地中化以外の無電柱化：対象とする道路空間から、電柱および電柱に架かる架空電線類を、当該道路から見えない部分に移すことにより、対象道路から電柱および電柱に架かる架空電線類をなくそうとする方式

がある。

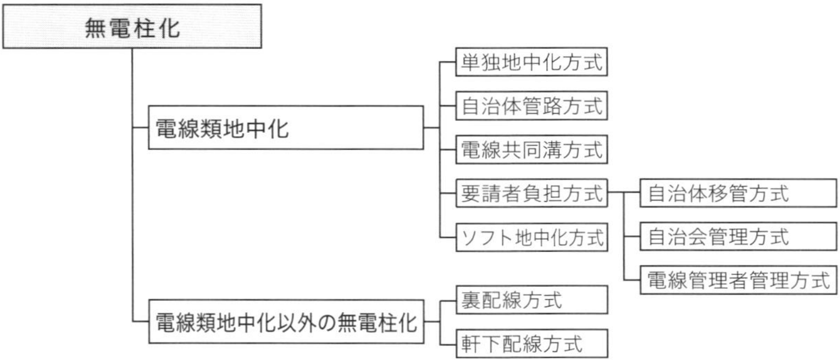

図１　無電柱化の手法一覧

①については、

◆地上機器と電線類地中化を組合せた方式

⑴単独地中化方式

⑵自治体管路方式

⑶電線共同溝方式

⑷要請者負担方式

a. 自治体移管方式

b. 自治会管理方式

c. 電線管理者管理方式

◆柱状型機器付き景観調和型街路灯と電線類地中化を組合せた方式（ソフト地中化方式）

②については、

◆裏配線を用いた方式

◆軒下配線を用いた方式

がある。さらに、上記の各方式を組合せた方式も行われる。

次に、各方式について解説する。

1.1　地上機器と電線類地中化を組合せた方式

地上機器と電線類地中化を組合せて行う方式は、従来から行われてきた道路事業における電線類地中化整備事業で用いられる標準的な方式で、既往の採用実績として最も高いものである。

地中化方式を構成する地下部分の基本構造は、「ケーブルの分岐」「ケーブルの接続」「ケーブルの引入れ場所」あるいは「地上機器の設置のための基礎」などの機能を持つ特殊部と、特殊部間を連係する管路部で構成されている（図2）。

地中化は、1986年から建設省（現・国土交通省）が主体的に取り組んで現在に至っている。その間、特殊部と管路部を組み合わせて地下構造を構成する基本は、大きくは変わらないものの、それらを造り込むための方法は時代ととも

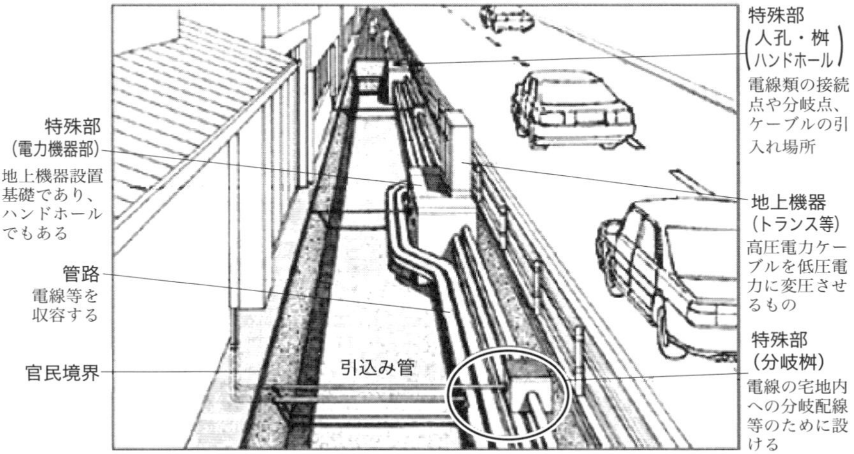

図2　電線類地中化の地下部分基本構造のイメージ（出典：国土交通省道路局ホームページより）

に変化してきている。

(1)単独地中化方式

1980年代後半においては、道路法に基づく道路占用企業者としての電線管理者（電力会社、電話会社、CATV（ケーブルテレビ会社）など）が、需要密度の高い地区に限り、架空設備による道路占用物件を、地中設備による道路占用物件へ、自らの占用物件の変更という位置づけで、地上機器（トランス等）・ケーブルおよび管路・特殊部（ハンドホール等）などの費用を電線管理者の自費負担で行ってきた。

この方式は、電線事業者のみの負担がきわめて大きいことから電線管理者に対するインセンティブが働かない。そのため、本方式は1985年頃から減少し続け、途中、自治体管路方式の登場、そして最終的には電線共同溝方式の登場により、現在ではほとんど実施されていない。

(2)自治体管路方式

自治体管路方式は、1993年くらいから登場してきた地中化方式で、管路および特殊部の工事費用を当該地の地方公共団体が負担する方法で、電力部分の地中化については当該地の電力会社に、通信部分の地中化についてはNTTに、それぞれ管路・特殊部の工事および地上機器・ケーブル工事を要請する方式である。地中設備が完成した後、管路・特殊部については当該地方公共団体が、自らの道路に占用する自らの占用物件として所有する形をとる。なお、電線管理者は、自治体管路に入線するケーブルや地上機器の設置費用を負担し、完成後は道路占用物件として所有する形になる。

この方式は、地方公共団体が管路・特殊部の工事費を負担すること、かつ費用は一般財源から充当する形になることから、現在のように地方公共団体の財政難の状況においては、本方式を採用できる地方公共団体は、自己財源が確保できる団体など限定的になっている。

(3)電線共同溝方式

電線共同溝は、1995年3月に成立した「電線共同溝の整備等に関する特別措置法」に基づいて整備される地中化のための地下施設である。

同法は、道路法を一般法とする、特別法の位置づけとなる。

電線共同溝の定義は、同法によれば、「電線の設置及び管理を行う二以上の者の電線を収容するため道路管理者が道路の地下に設ける施設」をいう。

電線共同溝は、道路構造令に既定される道路付属物となり、整備後は道路上の架空占用ができなくなることから、電線類地中化の整備方式としては、的確なものであると考えられる。電線共同溝の構造は、前述した他の方式同様、管路と特殊部で構成される。

電線共同溝の建設に必要な工事費は、建設費用の負担按分として多くの場合、「参加企業者から建設負担金を徴収した残りの電線共同溝工事費」の1/2を当該の道路管理者が負担し、1/2を国からの補助金を充当することにより賄う。詳細は『「無電柱化推進計画」に係る運用と解説』(無電柱化推進研究会編、2004年8月)を参照されたい。

(4)要請者負担方式

各地方の無電柱化協議会（全国10ブロックごとの道路管理者、電線管理者、地方公共団体等関係者からなる）で優先度が低いとされた箇所において無電柱化を実施する場合に用いる手法であり、原則として費用は全額要請者が負担する。

現在では、事業主であるディベロッパーや不動産会社が新規の宅地開発を行う際に、電線類地中化を実施するケースが増えてきているが、この場合も原則この方式となる。この方式には、地中化された管路・特殊部の管理者が誰になるかによって、次の3種類に分けられる。

a. 自治体移管方式

開発の事業主体である事業主の費用負担で設置した管路設備(各電線の管路・特殊部等の設備）を地方自治体に道路付属物として、道路法32条協議の中に盛り込み移管する方式。管路設備の維持管理を移管された自治体が行う。

＊民間の新規宅地開発時の電線類地中化では、この方式を採用する自治体が増えている。

b. 自治会管理方式

事業主の費用負担で設置した管路設備を、住民で作る自治会で管理する方式。おもに、道路が私道（位置指定道路）の場合に用いられる方式。

＊将来の維持管理面でのリスクはあるが、採用されるケースが増えている。

c. 電線管理者管理方式

事業主の費用負担で設置した管路設備を、各電線事業者が将来にわたって管理する方式。

＊これは、単独地中化方式の要請者負担版といえる。難点は、各電線事業者が個別に地中化工事を実施するので、他の方式と比べて費用が高額になることである。

民間のディベロッパーの視点で見るならば、aの自治体移管方式が将来の住民のリスクが少なく望ましいが、現状では、まだ、この方式が広く浸透していないので自治体によっては、この方式に難色を示すところもある。

図３　柱状型機器付き景観調和型街路灯
（写真提供：江戸川区役所）

1.2　柱状型機器付き景観調和型街路灯と電線類地中化を組合せた方式（ソフト地中化方式）

柱状型機器付き景観調和型街路灯と電線類地中化を組み合せた方式は、地上機器が設置できない狭隘な歩道幅の街路において、沿道の電気や通信需要が成熟し将来にわたって大きく変動しない場合に適用されることがある。

この方式は、道路構造令の交通安全施設のうち照明施設に位置づけされ、一般的には「街路灯（道路照明用）」と呼ばれている柱体に、柱状型機器（現状では変圧器）を載せ、電線類は一般部については道路下、街路灯の柱体部においては柱体の中（中空になっている）にケーブルを敷設することにより電線類地中化を行うものである。

1.3　軒下配線と裏配線

（1）軒下配線を用いた方式

この方式は、軒が連続するような重要伝統的建造物群保存地区などにおいて、電力の低圧供給線および通信の供給線を、軒下にはわせて配線する方式である。軒下に配線する工事は、電力および通信のそれぞれに対する技術基準を遵守しつつ各電線管理者が行うのが一般的である。

軒下配線は、供給線が対象になるため、幹線を地中化や裏配線で行うことになり、これらの方式との組み合わせになる。

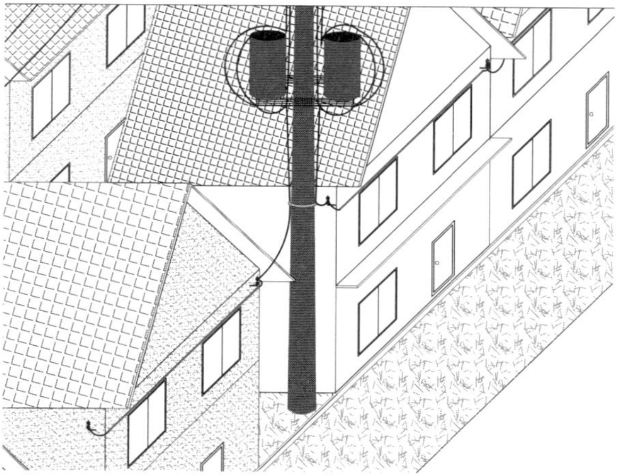

図４　軒下配線（拡大図）

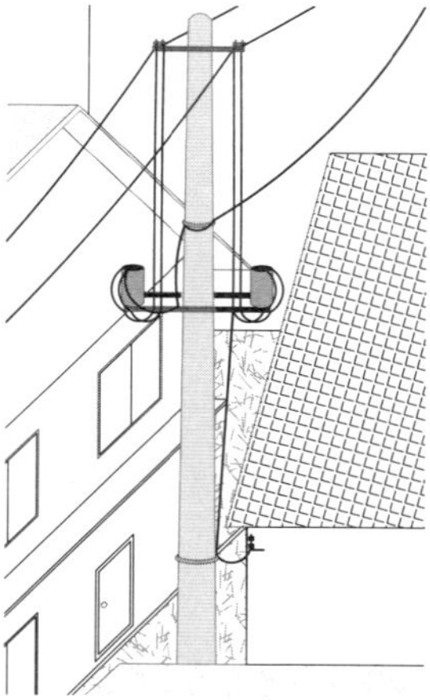

図５　裏配線（拡大図）

表１　軒下配線と裏配線の長所と短所

	軒下配線	裏配線
長所	・整備費用が地中化に比べて安価 ・道路掘削やそれに伴う規制が少ない ・工事期間の短縮が図れる	・整備費用が地中化に比べて安価 ・道路掘削やそれに伴う規制が少ない ・工事期間の短縮が図れる
短所	・裏通り等を中心に電柱、電線類が残る ・各電線事業者の広域的なネットワークの見直しが必要となることがある ・家屋の既存受電設備位置の変更を伴うことがある ・家屋建替え時に軒下の配管、配線が支障となる ・民地内等に電柱の新設が必要になることがある ・高圧電力の引込みは、ほとんどの場合に適用できない ・軒下への配線費用の負担、維持管理の合意形成が難しい	・裏通り等を中心に電柱、電線類が残る ・各電線事業者の広域的なネットワークの見直しが必要となることがある ・電柱、電線類の民地内占用が必要となることが多いので合意形成が難しい ・家屋の既存受電設備位置の変更を伴うことがある ・民地上空を電線類が通過することがある
整備条件	・支道がたくさんあるか、供給する家屋の裏側に公道が面していること ・軒下への配管・配線が可能であること（軒の高さ等が揃っている） ・既設の電線類がある場合は、裏側へルート変更が可能であること	・電線類を供給する家屋の裏側に公道が面していること ・電線設備の民地内占用が可能であること ・枝道が多く取り付いている、供給する家屋の裏側に公道が面していること ・既設の電線類がある場合は、裏側へルート変更が可能であること

(2)裏配線を用いた方式

この方式は、無電柱化対象路線（表通り）の家屋の裏側が公道に面している場合、電柱および電線類を裏側に移し、裏側からの供給を行うことで、対象路線の無電柱化を図るものである。電柱や電線そのものは、裏通りに回ることに

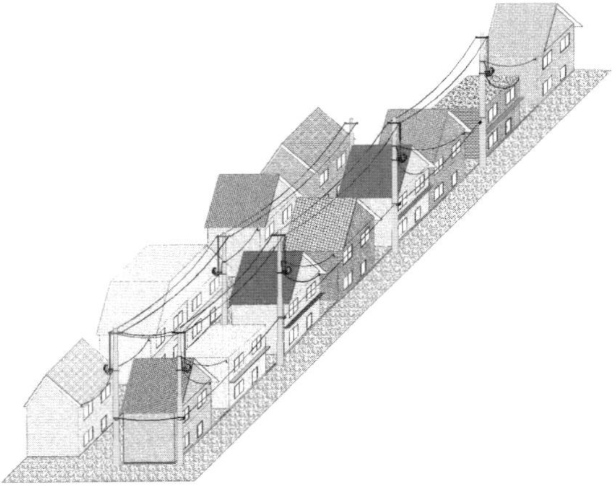

図６　軒下配線と裏配線施工 (施工前)

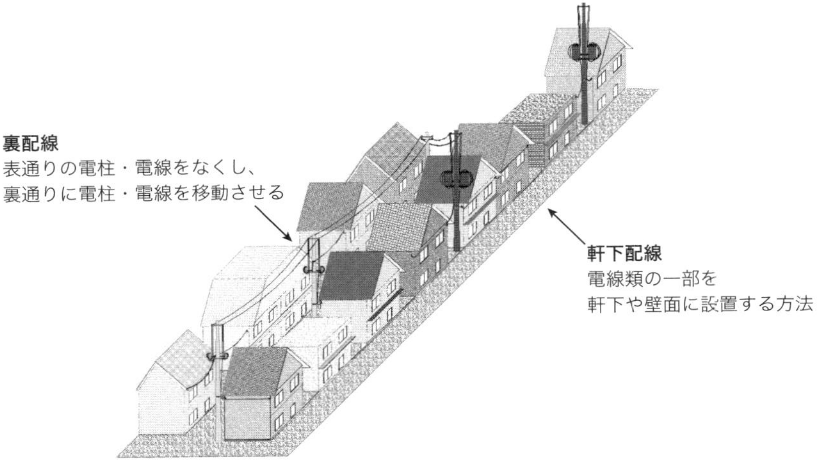
裏配線
表通りの電柱・電線をなくし、
裏通りに電柱・電線を移動させる
軒下配線
電線類の一部を
軒下や壁面に設置する方法

図７　軒下配線と裏配線施工 (施工後)

表2　無電柱化による観光客の増加例

観光地	無電柱化の時期	年間観光客数		
		1992年	2003年	2009年
川越蔵の町	1992年9月	356万人	400万人	628万人
伊勢おはらい町(おかげ横丁)	1992年10月	35万人	320万人	412万人

出典：川越市観光課調べ「川越市入込観光客数の推移」、㈲伊勢福調べより

なるので、裏通りが余計に、電柱が増えてゴミゴミすることになる。

＊

どちらも、電線共同溝法に基づく整備ではないために、道路の上空占用（電線を張ること）を法令により制限することができない。したがって無電柱化を整備する区間の上空占用を行わない旨の合意を自治体等との協議書で得る必要がある。

また、これら無電柱化は電柱はなくなるが、電線はなくならない。イニシャルコストで考えると、導入は容易であるが、将来にわたっての街のブランディングという観点では、初期費用はかかるが電線類を地中化をして、すっきりと美しいまちなみにすることをお勧めする。実際に、観光地で電線類を地中化したことがきっかけで観光客が2倍から10倍近くに増えたところもある（表2)。

1.4　施工技術

電線類地中化管路を埋設する際の掘削は、他の埋設工事となんら変わりないが、配管の技術は、10種以上の電線管があるため、材料の種類と加工、その管理項目が多くなり、施工の技術的要素も特殊で専門業者も限られてくる。実際に、専門業者以外が施工をして、後で配管に不具合があったり、ケーブルが通らなかったりするケースが多くみられる。

施工技術が他の埋設施設と大きく異なる点は、幹線からの分岐を桝から行わなくてはならないこと（主に電力）で、幹線管路条数に加えて電線類の分岐線、

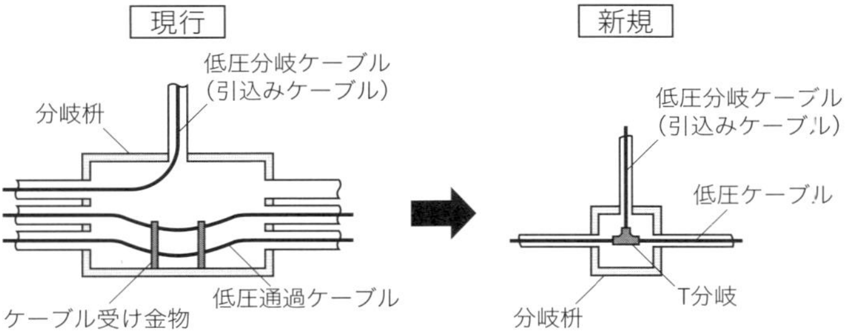

図８　低圧ケーブルの分岐形態の変化　電力では、T 分岐方式の採用により、一つの低圧ケーブルから複数のユーザーへ引き込むことが可能となり、その分の管路条数の削減が可能となった。

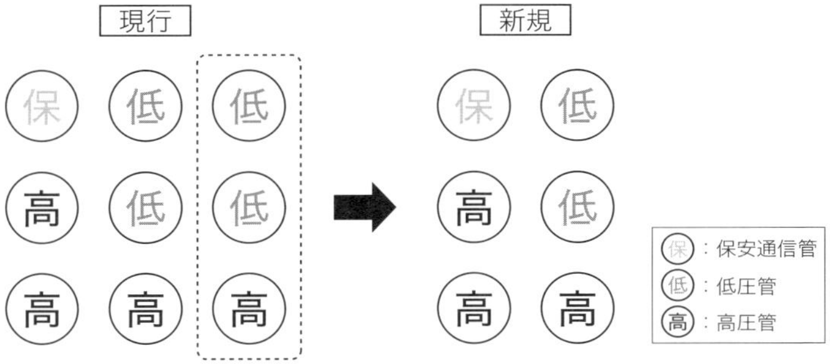

図９　T 分岐方式の採用による管路条数の削減

引込み線の本数分の管路条数が必要になる。そのため、地中障害物や既設管路の影響を受けやすく、既製材料では材質や中に入れるケーブルの関係上、対応できない場合が発生する。とくに、電力管は、曲げ管の種類が少なく、現地での柔軟な対応（曲げ加工等）が必要となる。

このような問題点に対して電力管路の T 分岐方式（図 8、9）、通信管路のフリーアクセス方式（図 11）、共用 FA 方式（図 12）等の新工法、新技術、新素材の性能・安全性を、できるだけ早い時期（地中化の計画段階）に検討するのが望ましい。そのうえで、積極的に導入し可能な限りコンパクトで低コストなものとなるよう努めることが重要である。

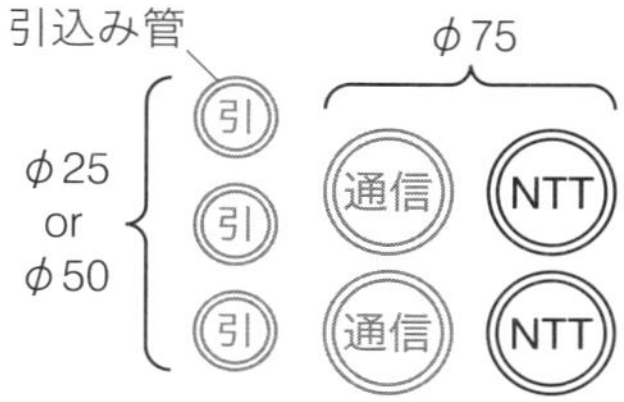

図 10　一管一条（単管）方式

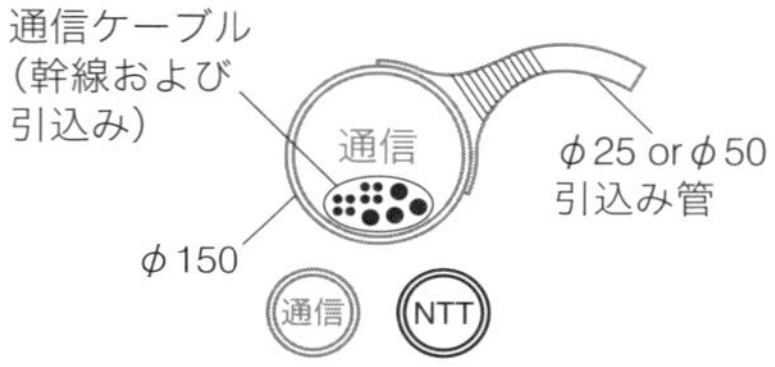

図 11　フリーアクセス方式（単位：mm）

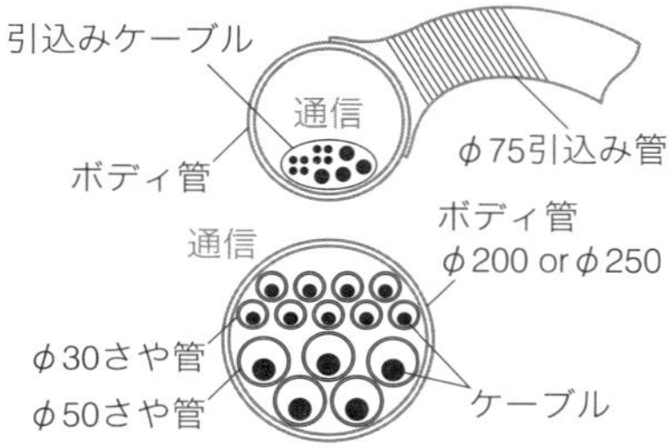

図 12　共用 FA 方式（単位：mm）

図 10 の一管一条（単管）方式は、1 本の配管に 1 本のケーブルを通すという従来の方式。メンテナンスという観点からは良いが、引込み管や本管など配管の本数が多くなることがあるので、コスト高になるケースがある。

図 11 のフリーアクセス方式は、この問題を通信管路で解決しようと試みた方式。φ 150mm のボディ管といわれる管の中に、通信ケーブルを直接多条敷設することで、全体のコスト削減を狙った。 しかし、ケーブルが裸で敷設されるので、入線時にからまるといったトラブルがあることと、さらにコンパクト化を図るため、共用 FA 方式が考案された（図 12）。これは、ボディ管の中に小さなさや管（φ 30, φ 50 ）を入れて、本線ケーブルを収納し、その上に、引込みケーブルを多条敷設するボディ管を乗せるというもの。

詳細は、「東京都電線共同溝整備マニュアル」（東京都建設局、2006 年 4 月）を参照されたい。

2

新規戸建て住宅地での無電柱化

井上利一

近年、住宅業界は景気低迷の影響もあり販売面で苦戦している。家が売れなくなったといわれる。その中で、各ハウスメーカーは「いかに他社と差別化した住宅を作るか」ということにしのぎを削っている。

その中で、電線類が地中化された住宅地が徐々に広がりを見せている。まだ、コスト面での課題は残るが、まちなみはたいへん美しくなり、しかも、安全・安心ということに魅力を感じる購買層も確実に増えている（図 1）。

住宅メーカー、開発業者は、一様にできれば電線類を地中化したいという。それだけ、電線類地中化された街の潜在ニーズは高い。しかし、実際には電線類が地中化された街は、あまり見かけない。なぜなのか？　そしてその原因は何かの疑問を解くべく、戸建て住宅地での電線類地中化についての問題点を考えてみたい。

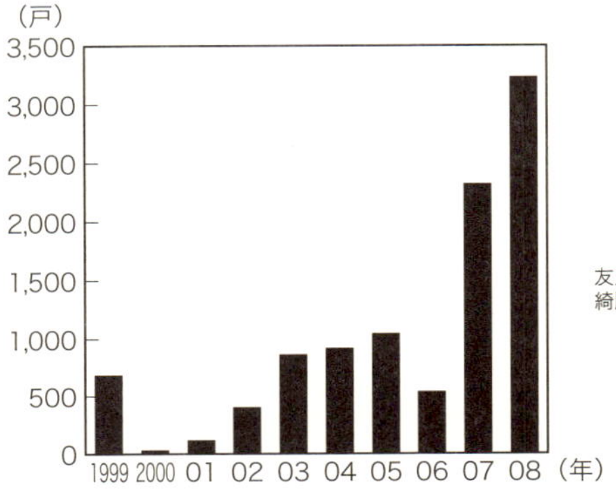

年別電線類地中化された分譲住宅の着工件数
(船井総合研究所独自調査)

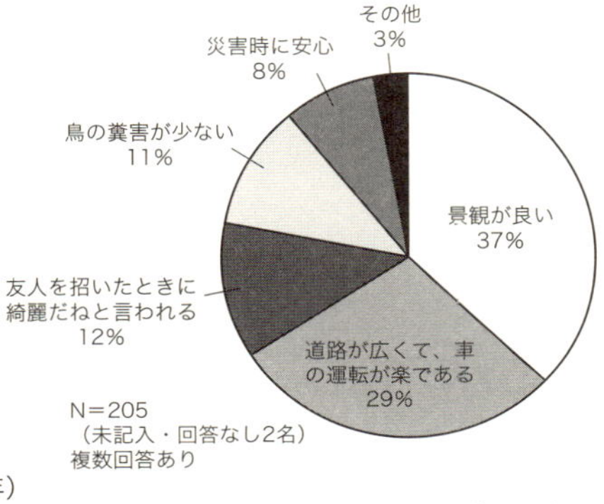

電線類地中化住宅に住んでいて良かったと思うこと (㈱ジオリゾーム調べ、2009年5月)

図 1　電線類地中化された住宅地の広がり

2.1 事業者負担による無電柱化・電線類地中化の問題点

戸建て住宅地での電線類地中化された設備（管路・ハンドホール等）の管理方式は、自治体移管方式、自治会管理方式、電線管理者管理方式の３種類があることはすでに述べた。事業者が電線類地中化を計画した場合、管理方式が上記の管理方式３パターンのいずれかで決まり、電線類地中化設備敷設にかかる費用を全額負担（要請者負担）することで整備が実行される。

管理方式３パターンのなかで事業主にとって、最も好ましいものは、自治体移管方式だが、地方自治体の中には、前例がない等の理由で移管に応じないことがある。

この場合に、次善の案として電線管理者管理方式（単独地中化方式の要請者負担版）での実施を各電線事業者に依頼し協議を進めて行く（事例はあるが、現在は少ない）。電線事業者が敬遠する理由として、架空線に比べて維持管理のリスクが高くなる（実際のリスクについては不明である）、管路の道路占用料発生（電線ケーブル類は、自治体管理でも発生）がある。また、事業主としても、コストが高くなるなどのデメリットがある。

自治会管理方式は、住民で組織する自治会、つまり各世帯での負担となるため、（事例はあるが）将来的なメンテナンス費用が不確定などから、現実的に難しいといえる（注：最近では私道で無電柱化の際に実施するケースが増えている）。

2.2 ケーブル負担金

現在、どの管理方式であっても、民間の住宅地での電線類地中化は、要請者（開発事業者）が整備費用を全額負担しなければ実施されない。その負担する費用の内訳にケーブル負担金がある。電力会社が新規住宅開発地への電気供給の申し込みを受けた場合に、通常は電柱を建ててケーブルを架空配線する電気供給方法を行う。この電気供給方法では、住宅地の開発業者が特別な費用を支払う必要はない。つまりタダである。しかし、地中化を依頼すると架空配線で掛

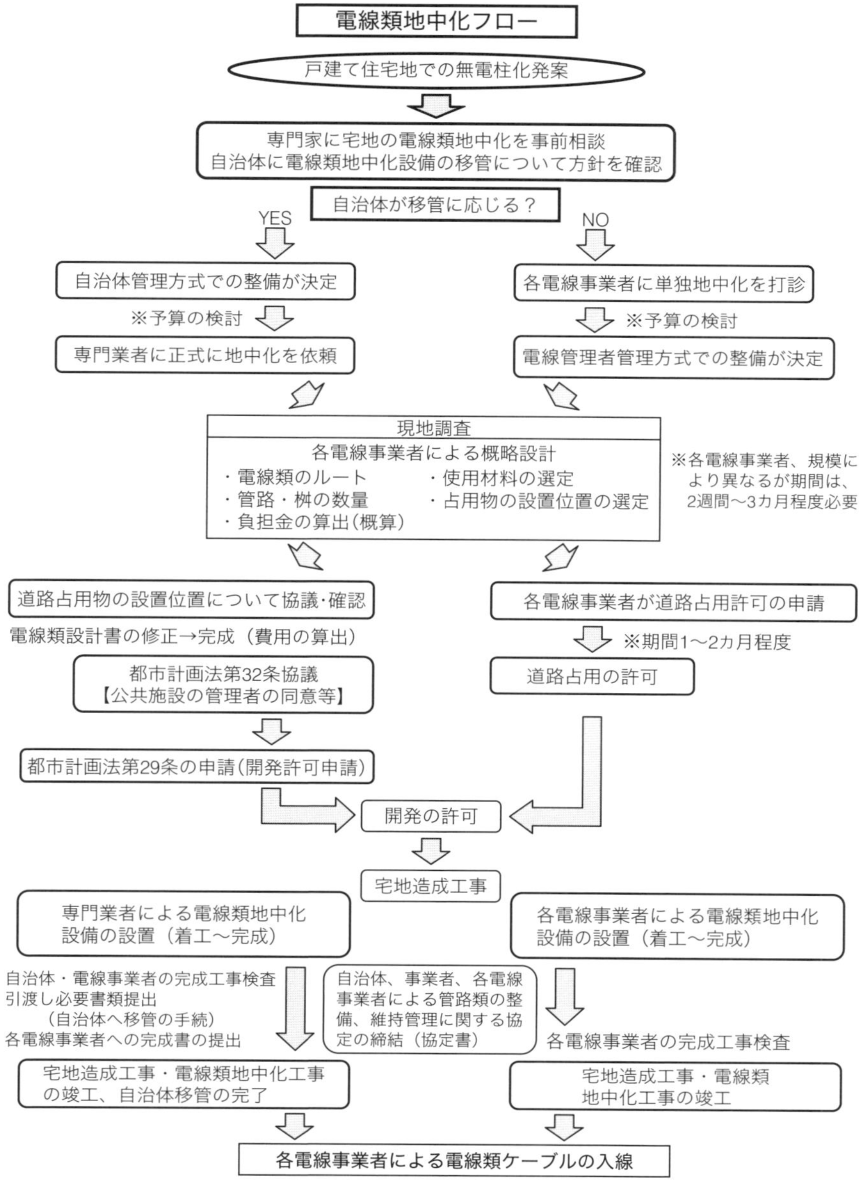
電線類地中化フロー
戸建て住宅地での無電柱化発案
専門家に宅地の電線類地中化を事前相談
自治体に電線類地中化設備の移管について方針を確認
自治体が移管に応じる？
YES
NO
自治体管理方式での整備が決定
※予算の検討
専門業者に正式に地中化を依頼
各電線事業者に単独地中化を打診
※予算の検討
電線管理者管理方式での整備が決定
現地調査
各電線事業者による概略設計
・電線類のルート
・使用材料の選定
・管路・桝の数量
・占用物の設置位置の選定
・負担金の算出（概算）
※各電線事業者、規模により異なるが期間は、2週間〜3カ月程度必要
道路占用物の設置位置について協議･確認
電線類設計書の修正→完成（費用の算出）
都市計画法第32条協議
【公共施設の管理者の同意等】
都市計画法第29条の申請（開発許可申請）
各電線事業者が道路占用許可の申請
※期間1〜2カ月程度
道路占用の許可
開発の許可
宅地造成工事
専門業者による電線類地中化
設備の設置（着工〜完成）
各電線事業者による電線類地中化
設備の設置（着工〜完成）
自治体・電線事業者の完成工事検査
引渡し必要書類提出
（自治体へ移管の手続）
各電線事業者への完成書の提出
自治体、事業者、各電線事業者による管路類の整備、維持管理に関する協定の締結（協定書）
各電線事業者の完成工事検査
宅地造成工事・電線類地中化工事
の竣工、自治体移管の完了
宅地造成工事・電線類
地中化工事の竣工
各電線事業者による電線類ケーブルの入線

図２　民間の住宅開発地での電線類地中化フロー図

かる費用と地中化で供給する費用との差額を算出してその金額をケーブル負担金として請求される。その上、工事着手の条件として、この負担金を一括で事前に支払うことが原則になっている。ゆえに、電線類地中化の整備を計画する上でこの負担金がネックとなり計画を中止する開発事業者も少なくない。

ちなみに、同じ電線事業者でもNTTはこのケーブル負担金が必要ない。CATVは会社や地域、条件によって、この負担金が必要であったりなかったりする。

2.3 電線類地中化の設計

戸建て住宅地での地中化の設計は、各電線事業者が各々、設計図を作成し協議を進めながら全体図としてまとめ、電線類地中化の設計図とする、というのが一般的であったが、最近では、専門業者やNPO法人も現れ、より顧客視点での電線類地中化の実施が可能となっている。

電線類の管路、桝（ハンドホール）の埋設位置については、公共施設である給排水を優先する。給排水、ガス管の設計図を基に図面の作成を行う。

設計の事前現地調査で、各電線事業者が住宅地へ供給元になる既存設備（電柱・ハンドホール）を各々のルート図等で確認を行う。この時点で適切な供給源がない場合、新たに電柱等の設備を既存の公道等に設ける必要が出てくる。設置位置については、既存の住民への配慮を十分に行わなければならない。対象住宅地への供給源が電柱の場合、立ち上げ管（通信の配線工事では、引き上げ管・引き下げ管ともいう）を設置して、電力等のケーブルを地中埋設管路に通して住宅地へ供給する。住宅地内の設計図は、平面図・直線図・縦断図・横断図・管路断面図・桝展開図・ケーブルルート図・材料の製品図（桝構造図等）がある。

2.4 地上用変圧器（地上機器）の設置場所

電線類を地中化する際の大きな障害になるのが、地上用変圧器である。地上部分は概ね、高さ1.5m×幅1.1m×奥行0.45m（各電力会社によって仕様は異

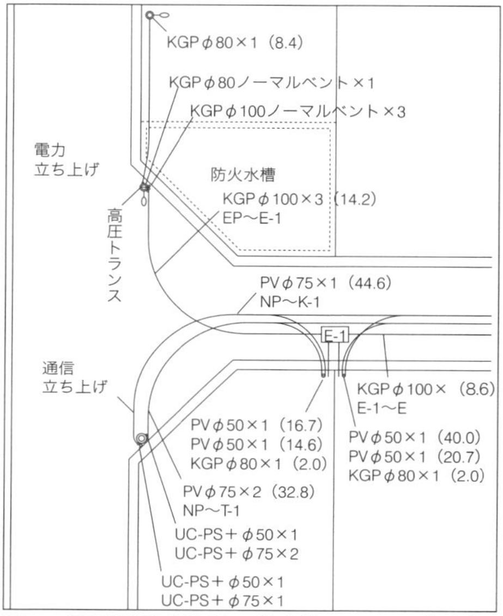

図4　立ち上げ管

図3　配管図面（部分）　住宅地入口のT字路北側すみ切り部分に建てられた電柱から立ち上げ管を通して地中埋設となり、E-1桝へφ 100 × 3条、φ 80 × 1条の配管が取り付いている。

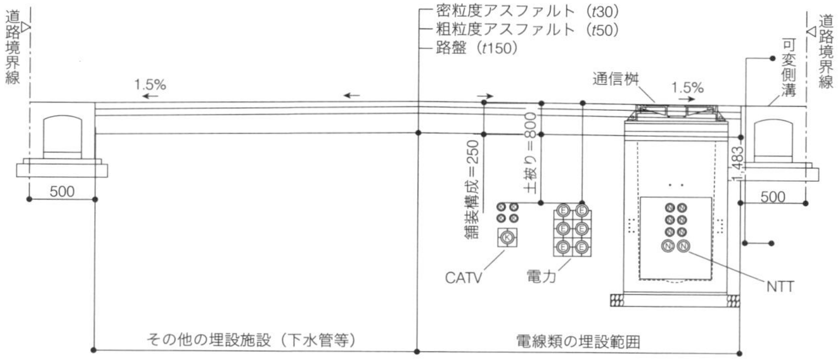

図5　通信桝付近の道路標準断面図（単位：mm）

なる）の金属製の箱であり、緑や茶色に塗られている。街でよく見かけるあれだ。地下部分は桝（ハンドホール）となっている。本書の2章でも記述があったが、この地上機器をどこに置くかが、いつも問題になる。

歩道のある道路であれば、歩道に設置することになるが、歩道幅員が2.5m以上必要となり、民間の住宅開発地では現実的ではない。そのため、公共のスペースに設置するケースが多い。公園や広場、防火槽、ゴミステーションなどに置かれることになるが、いずれにしても、図７の写真のように景観という観点では、風景に溶け込んでいないのは確かだ。

また、どうしても、地上機器の設置場所が確保できない場合に、苦肉の策として、トランス柱という方法がある。これは、電線は地中化されているが、電柱は残るというものだ。これでも、電線がない分､見た目はすっきりする(図８)。

最近では、このトランス柱に、スリムなタイプ（図9）や街路灯と一体になったものが出てきているが、まだまだ、コスト面では、高いものになっている。

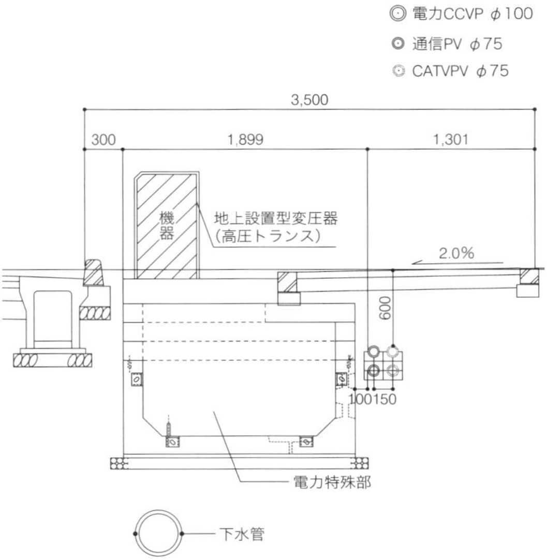

図６　地上用変圧器断面図（単位：mm）

図７　地上機器

トランスは電圧降下を防ぐための機器で、電気の供給に不可欠のものということであるが、関係諸兄に、さらなる小型化に向けての技術開発とコスト低減を切にお願いするものである。

この地上機器の設置場所は、公共のスペースとなることが多いが、そのスペースは開発道路や地中埋設管路設備とともに、分筆して、行政に移管することになる。このあたりの事前調整も重要になってくる。地上機器の所有・維持管理は電力会社であり、同社は行政に対して、占用料を支払うことになる。

図8　トランス柱

図9　トランス柱（スリム型）

2.5　宅地分割への懸念

民間の宅地開発時の電線類地中化において、デメリットとなる可能性のある問題が、宅地の分割である。自治体移管方式を採用した場合に、自治体の道路管理者は、宅地が分割されて、新たな配管の必要性ができ、道路の掘削等によるコストがかかってくるのを懸念することが多い。一部の住宅で発生したケースがあると聞くが、稀である。また、自治体によっては、宅地開発の最低区画面積を設定しているところも多い。もし、設定していなければ、宅地の再分割を建築協定などによって禁止するということも可能である。

それでも、どうしても、というケースでは、要請者負担により、分割した事業者または個人が、新たな引き込み配管の費用等を負担すれば良いであろう。これは、下水道や上水道と同じ考え方である。

3

無電柱化に弾みをつけるために

井上利一

景観緑三法（景観法、景観法の施行に伴う関係法律の整備等に関する法律、都市緑地保全法等の一部を改正する法律）、歴史まちづくり法などの施行を受けて、景観に対する国民の意識は高まっているといえる。また、国も無電柱化5カ年計画によって、無電柱化の推進をしていくという姿勢は鮮明である。

しかし、一方では、民間の開発する、新規住宅地での電線類地中化は、まだまだ進んでいないのが現状だ。これには、コスト面や維持管理の主体をどこにするかといった問題があるが、まず、既存の市街地の電線類地中化よりも新規の住宅地開発の際に電線類を地中化する方が安価であることを考えると、もっと推進すべきであることは言うまでもない。その際のポイントをいくつか紹介したい。

3.1 コストの飛躍的改善

電線類地中化を実現する上において、大きなハードルとなるのがその整備コストだ。しかも、その整備コストは、莫大である、というまことしやかな偽情報が流布していることも、開発業者の心理的ハードルを押し上げている。

電線類地中化のコストは、その事業主体や、電力・通信需要によっても異なるので、一概にいくら、というのは難しいが、これまでの実績による目安は表1の通りである。

実際に、電線類地中化を検討したことがあるというディベロッパーや団体の担当者に話を聞くと、この数倍から数十倍もコストがかかると思っておられる

表1　事業主体別の電線類地中化コスト比較

事業主体	実施場所	コスト(円/m)※	備考
地方行政	地方道（県道・市道等）	約20～40万円	道路整備を入れると約50万円
観光地等の団体	地方道（県道・市道等）	約20～30万円	道路整備を入れると約45万円
民間ディベロッパー	住宅開発地内道路（将来行政に移管）・私道	約10～20万円	m数は本線管路で試算。150万円／戸が目安

※コストは電線類地中化にかかる費用。道路復旧等は含んでいない。

ことが多い。電線類地中化にかかるコストは、筆者が知る限りでも、10年前と比べると半分から1/3以下になっていることを考えると、日本の電線類地中化のコスト感覚は10年前に止まったままになっているということであろう。

電線類地中化にかかるコストの約半分は管路材、特殊部（ハンドホール等）などの材料費である。これらは、その名の通り、特殊なものが多く、単価も下水道などで使用する材料に比べて割高である。これは、その使用頻度が少なくスケールメリットが出ていないことも大きな要因と思われる。今後、電線類地中化がさらに普及し、これらの材料費が、割安になってくれば、地中化に弾みがつくであろう。

3.2　事前協議による合意形成

過去の事例から見ても、開発業者が土地を仕入れる段階で、電線類地中化の費用を考慮に入れた見積りを作成して、事業計画を策定するのが一番スムーズにいく。できるだけ早い段階での関係者への協議・調整を行うことで、地中化実現の可能性は高まる。この際、できれば電線管理者ではなく、顧客視点で動いてくれる民間の専門団体か専門企業に相談した方がいい。なぜなら電線類地中化は様々なステークホルダーが入り乱れているので、それぞれが、自社の利益を主張しだすと収拾がつかなくなるからだ。電線類地中化はその街に住む人にこそ、最も大きな便益が与えられるべきなのである。それは、少なからず、その費用を負担することになるからだ。電線類地中化に消極的な人たちからリーダーシップを取って、事業主、そこに住む人たちの視点に立って行動することが大切である。

また、事業主の地中化に対する熱意と行動が重要である。事業主が地中化をしてもしなくてもどちらでもいいが、できればやりたい、といった中途半端な意思で地中化を進めようとすると、様々な障害に阻まれて、挫折するケースが多い。もっとも、このことは、電線類地中化に限ったことではない。やはり、まちづくりのコンセプトを明確にして、電線類が地中化された美しいまちなみのイメージを明確に発信して取り組むことによって、電線類が地中化された街は実現するのである。

参考文献

・㈶道路空間高度化機構編『街なみを活かした低コストの無電柱化―軒下・裏配線手法を用いた無電柱化』
・㈳住宅生産団体連合会編著『戸建て住宅地における電線類地中化―その手法と事例』

第４章

実現に向けたアクションプラン

NPO法人電線のない街づくり支援ネットワーク

1

意識づくりの方法論編

電線類地中化が進まない原因の一つは、日本人が電線と電柱がある風景に慣れてしまっていることが大きい。住民から電線をなくそうという声が高まり、行政も地中化に動いたという例も数多くあることから、一人ひとりが電線を不快に思う意識、電線のない景観を快く思う意識を作る必要がある。

そこで、まず、どのようにして意識づくりが進むのかを考えることから始めて、それを形にするために有効な制度・手法、技術のあり方を展望したい。

1.1　顕彰制度をつくる—「電線のない美しいまちなみコンテスト」

「電線・電柱がないことによって美しくなった」「住民や開発者が協力し、無電柱化に取り組んだ」「無電柱化のプロセスに独自の工夫があった」など、一定の基準を設け、無電柱化前と無電柱化後の成果がはっきりとわかる証拠を含め、総合的に評価する顕彰を行う。「無電柱化の成果」とは、例えば、観光地であれば観光客数、商店街であれば商店街の売上げや来客者数、住宅地であれば資産価値などが挙げられるであろう。

現在、景観に関する顕彰制度にはNPO法人や国土交通省などが主催する各種の制度があるが、「電線電柱のない景観」という位置づけでの顕彰はない。

類似例として、神戸市のトアロードの例がある。フォトコンテストを行い、地域の学校や芸術系・デザイン系の学校からも応募してもらった。

また、㈱ジオリゾームが行ったフォトコンテストはインターンシップの大学生が企画し、SNSなどを通じても広報を行った。

このような顕彰制度を通じて、より多くの人に電線・電柱のないまちなみがいかに素晴らしいかを知ってもらうなかで、意識づくりを行う。

1.2　電線類地中化シミュレーション（画像処理）

無電柱化を実施する際、予算に限りのある行政は景観に対しても優先順位の高いものから予算を付けていくことになる。景観に対する優先順位の決め方の一つを紹介する。

「引き算の景観づくり」

大分県・湯布院で実際に行った例をあげる。

商店街や観光協会の人たちと行った街歩きワークショップで、「引き算の景観づくり」を実施した。

「引き算の景観づくり」とは30分ほど街歩きをする中で、参加者に、今ある景観で「これをなくしたら景観が良くなるもの」を挙げてもらうのである。

街歩き後に参加者全員で「なくしたら景観がよくなるもの」について意見交換をするのだが、多くの人が「いらない」と答えたものは過大な「広告看板」と「電線・電柱」である。参加者のコンセンサスは「電線・電柱をなくそう」というものになった。

後日、現状の街の景観の写真に画像処理を施し、電線・電柱を消したシミュレーション画像を見せると参加者から歓声が上がった。参加者はあらため

電柱のあるまちなみ　　電柱のないまちなみ（画像処理後）

図１　電線類地中化シミュレーション（大分県由布院）

て電線・電柱はなくすべきだと確信し、同席していた行政担当者が地域活性化のために住民と共に電線・電柱を街からなくすことを決意した瞬間だった。

このようにシミュレーション画像は頭の中でぼんやりしていた地中化された街のイメージが鮮明になるため、関係者の意思決定の道具の一つとなりえる。

当 NPO 法人のホームページでも、このサービスを開始する予定である。

1.3 コスト情報開示―誤ったコスト情報にふりまわされるな

電線類地中化のコストについては実際よりも高額なイメージが定着しているようだ。誰がそんなコストを吹聴しているのか、2 ケタほどゼロの多い金額を言う人もいる。そんな高いコストを提示されるとたちまち地中化の意慾が下がってしまう。これは、これまで電線類地中化工事に対する情報がまだまだ少ないことと、その他の工事と合わせた形での発注が多く、多大なコストがかかるように思われていることが原因であろう。また、正しいコスト情報の開示が進んでいないのは、電線類地中化に関わる技術者不足も原因の一つである。

家を建てるときに「予算は 3,000 万円、家族構成は大人 2 人、小学生が 2 人、ほしい部屋数は 4 部屋で…」という話から材料やプランが決まっていくように、地域の無電柱化も「予算は 2 億、無電柱化してほしいのはこのエリアで…」と総予算から決めていけば電線類地中化とその他の方法などを組み合わせたプランも作成が可能だ。

また、施工側にも何にどれだけのコストがかかるからこの値段、という正確なコスト情報の開示が求められる。

ホームページ上で簡易見積りができるようにすると、電線類地中化の予算も組みやすくなる。

1.4 景観マニフェスト・アドバイス制度―首長との連携

景観マニフェスト・アドバイスとは「首長を目指す政治家に対し、景観政策についてのコンサルティングを行うこと」である。当NPO法人は景観・まちづくりのプロ集団なので、電線類地中化に適したエリアの設定、予算の算定、事業期間の提示、補助金・助成金の活用方法など、具体的な情報の提供が可能である。

最近では33歳の若さで奈良市長に当選した仲川げん氏のマニフェストの中に「奈良町の無電柱化」が挙げられている。これは、画期的なことであり、観光都市奈良ならではのマニフェストといえる。ちなみに、仲川市長はこのマニフェストを作るにあたって、当NPO法人のホームページ（http://nponpc.net/）を参考にしたとのことである。

大阪府の富田林市は、重要伝統的建造物群保存地区にも選定されており、まちなみ保存に力を入れている。最近ここに住んでいた人が家を売却する時に、購入価格と変わらない値段で売却できた。つまり資産価値が下がっていないのである。景観、まちなみは、資産価値を引き上げる役割をはたす例である。また、電線類地中化は資産価値を上げると当NPO法人と不動産鑑定士の共同研究でも調査報告している。

これは、行政にとっても、大きなメリットがある。

①そのまちに住みたい人が増えるので、まちが活性化する。

②資産価値が上がるということは、固定資産税収が増え、財政に好影響をもたらす。

③美しいまちを見たいという観光客が増え、地域にお金が落ちて、まちの経済が潤い、税収も増える。

これから首長をめざす志の高い人には、是非、景観を重視した政策をマニフェストに入れてほしいと願う。そのことで、少しでも電線類が地中化されたまちが広がり、「空が大きく見える日本」を5000年も待たずに見られるようになることを期待したい。

2

税制・法制度への提言編

現状では、電線類地中化を実施する際に、補助または助成される制度は限られている。しかも、諸制度が一元化されておらず、いずれの制度も電線類地中化が前面に出ている訳ではないことから、使う側からすると、たいへん使いにくいものとなっている。また、これらの制度は、すべて間接助成である。疲弊している地方に、助成が下りたとしても、残りの費用を負担するのは厳しいのが現状であろう。そういう意味では、国の負担割合を引き上げることや、電線類地中化に対して意欲のある民間の開発事業者への直接補助があれば、さらに日本の電線類地中化は進むであろう。

2.1　電線類地中化に対する補助制度の充実

現在、電線類地中化を単独の事業対象として補助する制度はない。電線類地中化事業は、国土交通省や文部科学省など別々の省庁の補助金の中に、対象事業の一つとして挙げられている。

日本のまちを美しいまちにするために、これらの制度をさらに充実させ、活用しやすくし、補助率や総額を引き上げることを、提案したい。

2.2　補助制度の一元化

現在の補助制度は、実際にまちづくりの現場に携わる者としては、非常に使いにくい制度である。景観向上のための制度そのものの一元化をすると同時に、電線類地中化に対する補助金を一元化し、地方自治体へ相談すれば、そこで決定できるような仕組みになるとまちづくりのスピードも上がるであろう。

「景観まちづくり交付金」のように包括化した制度とし、総枠の予算の使途は基礎自治体の裁量とすべきであろう。

2.3　管理行政への支援制度

現在、民間の新規住宅地開発時の電線類地中化が進みにくい要因の一つとして、行政が地中埋設管路・特殊部の移管に応じないことが挙げられる。上下水道は行政が管理する仕組みがあるが、電力線・通信線は架空線が中心であるため、現状の行政には移管に応じる仕組みがまだ、浸透していない。これらの管理に対するノウハウや仕組み作りに対する支援制度があれば、移管に応じる行政も増えるのではないか。実際にこういった支援を行うことによって、これまで、移管に応じてもらえなかった行政が移管に応じるケースも出てきている。

2.4　横のつながりが意識づくりの一歩

1975 年の文化財保護法の改正により伝統的建造物群を文化財としてとらえることになり、「伝統的建造物群保存地区」制度が創設された。1979 年には伝統的建造物群を有する市町村が集まり「全国伝統的建造物群保存地区協議会」（伝建協）が発足した。現在 71 市町村が加入しているが、これらが横のつながりを持ったことで、情報交換など積極的に活動が行えている好例であろう。

2004 年制定の景観法に基づく景観協議会、国土交通省が推進する電線類地中化協議会など景観整備に関係する団体が機能し、横のつながりを強化することによって、国への政策提言や地域住民へのコンセンサスがとりやすくなる。現在のまちづくりに関する法律や制度はこういった団体からの政策提言で実現したものも多い。

そういう意味で、電線類地中化に関しても、現在では有識者や民間団体などが入った協議会という形での全国ネットワークが存在しないので、これらを早急に設置することで、電線類地中化に対する意識づくりの大きな役割を担うことになるであろう。

2.5　無電柱化の推進に関する法律の策定

本書の執筆当時（2010年）にこの章で、「電線類地中化基本法の策定」をアクションプランとして提案している。その枠組みは次の内容で構成されている。

①　基本理念

②　基本方針と責務

③　制度のフレーム

である。50年以内に日本の空から電柱・電線をなくすことを目標とするや、新設電柱の禁止など、2016年12月に成立した「無電柱化の推進に関する法律」（以下、無電柱化推進法）に劣らぬアクションプランを提言している。

超党派議連により国会において無電柱化推進法が成立してから、国の無電柱化推進の動きは加速している。2014年の無電柱化低コスト手法技術検討委員会を踏まえた低コスト志向は、実証実験を経て、低コスト手法の導入への道筋を開き、2015年に発足した無電柱化を推進する市区町村長の会は地方行政の無電柱化に対する意欲を国に届けた。2017年には無電柱化推進のあり方検討会が組織され、無電柱化の方向性が議論・提言された。2018年3月には第7期となる無電柱化推進計画案が策定され、今後の無電柱化推進の目標が示された。

本書執筆当時には想像でしかなかった状況が現実化していることはうれしい限りであるが、まだ、無電柱化はようやく緒に就いたばかり、この動きをさらに推し進めて日本の空から電柱・電線をなくさなければならないのは言うまでもない。そのために、当NPO法人ではさらなるアクションプランを策し続けていきたい。

次ページに無電柱化の推進に関する法律の概要を示す。

無電柱化の推進に関する法律（概要）

目的

災害の防止、安全・円滑な交通の確保、良好な景観の形成等を図るため、無電柱化（※）の推進に関し、基本理念、国の責務等、推進計画の策定等を定めることにより、施策を総合的・計画的・迅速に推進し、公共の福祉の確保、国民生活の向上、国民経済の健全な発展に貢献。

（※）電線を地下に埋設することその他の方法により、電柱又は電線（電柱によって支持されるものに限る。以下同じ。）の道路上における設置を抑制し、及び道路上の電柱又は電線を撤去することをいう

基本理念

⑴国民の理解と関心を深めつつ無電柱化を推進

⑵国・地方公共団体・関係事業者の適切な役割分担

⑶地域住民が誇りと愛着を持つことのできる地域社会の形成に貢献

国の責務等

⑴国　：無電柱化に関する施策を策定・実施

⑵地方公共団体　：地域の状況に応じた施策を策定・実施

⑶事業者　：道路上の電柱・電線の設置抑制・撤去、技術開発

⑷国民　：無電柱化への理解と関心を深め、施策に協力

無電柱化推進計画（国土交通大臣）

基本的な方針・期間・目標等を定めた無電柱化推進計画を策定・公表

（総務大臣・経済産業大臣等関係行政機関と協議、電気事業者・電気通信事業者の意見を聴取）

都道府県・市町村の無電柱化推進計画

都道府県・市町村の無電柱化推進計画の策定・公表（努力義務）

（電気事業者・電気通信事業者の意見を聴取）

無電柱化の推進に関する施策

⑴広報活動・啓発活動

⑵無電柱化の日（11月10日）

⑶国・地方公共団体による必要な道路占有の禁止・制限等の実施

⑷道路事業や面開発事業等の実施の際、関係事業者は、これらの事業の状況を踏まえつつ、道路上の電柱・電線の新設の抑制、既存の電柱・電線の撤去を実施

⑸無電柱化の推進のための調査研究、技術開発等の推進、成果の普及

⑹無電柱化工事の施工等のため国・地方公共団体・関係事業者等は相互に連携・協力

⑺政府は必要な法制上、財政上又は税制上の措置その他の措置を実施

3 技術を高める編

電線類地中化は、景観面はもとより、防災面、福祉面、観光面、交通安全、バリアフリー、交通渋滞の緩和面でも、優れた事業である。とくに、大型の公共事業が市民権を得られにくい昨今、これからの公共工事として、生活の場に近いところで、地域経済にも寄与することから国民の支持を得やすい事業であり、高まりつつあるまちづくりのニーズに対応する費用対効果の高い内需拡大策の一つといえる。

これらを踏まえて、より普及させるための技術面でのアクションプランを下記に記す。

3.1 技術開発の推進

電線類地中化の技術は、施工技術をはじめ、可能性としては年々進化しているが、実際の現場レベルでは、あまり進んでいないのが現状である。とくに地中化という性質上、開削による埋設が基本となっているので、物理的な時間と一定のコストがかかってくる。これらの課題を克服するためには、NPO と企業と大学、研究機関が連携して、現場に役立つ技術開発に取り組むことが望ましい。

また、現状では電線類地中化に関する、専門分野として総合的、系統的な研究が行われていない。NPO・企業・大学、研究機関が一体となって、技術開発面での共同開発を継続・発展的に行っていく必要がある。

その他、技術面にも関連するが、これからのまちづくりは、より快適に安全にというコンセプトは不変であるが、その他の重要な要因として、デザインが重要になってくる。地中化に伴う地上構造物を含む街灯など、路上施設に一貫性のあるランドスケープデザインという発想が不可欠となってくるであろう。

3.2　技術者の養成

(1) 資格制度

電線類地中化の専門技術者は非常に少ないのが現状である。「電線類地中化コーディネーター」または「電線類地中化プランナー」といった資格制度の創設により、電線類地中化技術の体系化と浸透を図り、日本の電線類地中化に関する専門技術者の養成を目指す。

資格取得者には都市計画法、道路法、電線共同溝マニュアル、CAD等、電線類地中化事業に必須の法令、技術、工法を習得してもらい、実際の電線類地中化事業の現場代理人としての活躍を期待する。土木施工管理技士であれば、おそらく、3時間×10回程度の講座で、一通りの習得は可能と思われる。

資格制度の普及状況としては、少なくともゼネコンの設計部か土木部門に本資格者が複数名常駐することが望まれる。

(2) 大学での学科創設

現在の日本の大学には、電線類地中化に関する専門学科や研究室は存在しない。そのため、学問としての電線類地中化が深耕していかない。このことにより、技術開発が進まず、電線類地中化の普及・コスト低減のボトルネックになっている。

これからの日本の公共事業の柱として期待がかかる電線類地中化について、早期の学科・研究室の設置が望ましいが、移行期間として、民間レベルでの講座の設置を提案する。その実現に際しては、当NPO法人から講師派遣やカリキュラムの共同開発も可能である。

(3) 資格者・技術者のネットワーク構築

(1) の制度で電線類地中化に関する資格を取得した者や、専門技術者間のネットワーク構築も有効な取り組みである。お互いの経験や技術情報の共有化により、技術の継続的な向上と、より効果的な事業推進に役立つ人脈形成が期待できる。

3.3 材料開発

(1) 低コスト材料開発

電線類地中化における材料の大部分を占めるのは、中に入れるケーブルを保護するための管路材とその接続およびメンテナンス用の特殊部（ハンドホール、桝ともいう）である。これらに関しては、ケーブルの所有者である電線管理者（電力会社・NTT・ケーブル TV 会社・光ファイバー等）からの材料指定が一般的である。これらの指定材は、品質・耐久性等は十分問題ないのであるが、一番肝心のコストが高いのが難点である。

例えば、国土交通省が発注する電線共同溝工事においては、これら指定材と同程度のスペック・耐久性で、コストが安い材料が使用されるケースも多い。これは、事業形態が、国の発注という形で、費用負担の主が国にあるから、同程度のものならコストの安い方を使おうということである。

これと同じように、民間の新規住宅開発地での電線類地中化においても、こういった安価な材料を使用できるようになれば、コスト低減が進み、電線類地中化ももう少し広がると思われる。

ドイツでは、電線類地中化する際には、管路材は使わず、ケーブルを直接埋設しているとのこと。これはそのまま日本の現状にあてはめる訳にはいかない例であり、安全面での検証が残るが、ケーブル自体の強度を高めるような発想によるローコスト技術開発はありうる。いずれにしても電線類地中化を阻む要因の大きなものに、コストがあるのは間違いないので、低コストの材料開発は喫緊の課題である。新しい素材や、形状、機能面も含めた技術開発が望まれる。

(2) 新素材開発

電線類地中化のコスト低減の鍵は、材料費の縮減であることは述べたが、もう一つ重要な要素がある。それは、施工性だ。現在電力ケーブル用の管路は安全性と耐久性の問題から金属製管を使用することがある。金属以外でも硬質塩ビパイプなどが主流である。

これらは、重たいうえに、曲げたり切ったりといった加工がしにくい。加工がしにくいということは施工性が悪いので、工事が進捗しない。ということは、それだけ工事費が嵩むということである。もし半分の施工日数、つまり工事スピードの進捗が倍になれば、電線類地中化にかかる費用は劇的に下がるだろう。

そういう意味で、十分な強度をもった素材でなおかつ、加工しやすい新素材の開発は電線類地中化の普及に不可欠である。

(3) トランス（変圧器）の地中化と小型化

電線類地中化を実施する際に、大きな問題になってくるのが、トランスの設置場所である。このため、歩道のない道路は電線類地中化の実施優先順位が低くなり、なかなか進まない。このトランスが、地中化されれば、この問題は根本的に解決する。電力関係者へのヒアリングでは、技術的には可能であるという。ネックになっているのは、ここでもコストである。

また、トランスが小型化されれば、地上置きできる箇所も増える。さらに、柱上トランスとしても、スマートかつ、バランスが良くなり安全性も増すであろう。

このようにトランスの地中化と小型化が切に望まれるところである。これには、電力会社の技術開発が基本であるが、10電力会社の仕様を統一し、それを公開することで民間の技術開発が進み、コストが大幅に削減できるであろう。

❖資　料

◆電線類地中化に関する法律・制度

電線類地中化に関する法律や制度は、まだまだ整備されているとはいえない。これだけ、国が推進しようとしているにも関わらず進んでいないのは、不思議であるが、現実である。このことは、国土交通省の無電柱化に関するサイト（http://www. mlit. go. jp/road/road/traffic/chicyuka/index. html）の更新日が 2005 年 9 月であることからも伺える。

数少ない電線類地中化に関する法律と助成が受けられる制度には、表 1 がある（2009 年 8 月現在）。

電線類地中化は単独事業としては、コスト面の負担が増えることもあり、推進しにくいのが現状だが、まちづくりの一環としては、今や必須アイテムの一つとなっている。そういう意味でも、表記のような助成制度が今後ますます拡充されることを切に願うものである。

表 1

名称	関係省庁	概要	応募対象	補助率
電線共同溝整備事業	国土交通省	1995 年度に制定された「電線共同溝の整備等に関する特別措置法」に基づく電線共同溝の整備を助成	電線類地中化協議会にて路線指定	国：1/2、都道府県：1/2（事業者が負担する費用を除く）
街なみ環境整備事業制度	国土交通省	良好な街並み形成のための活動、整備計画の策定、生活道路や小公園などの整備、民間の門・塀などや住宅などの移設修復に対する助成を行う	地方公共団体	電線地中化、水路、ストリートファニチャー、案内板など良好なまちなみ形成のため必要なものについては直接 1/2
スーパーモデル地区	国土交通省	住民ニーズの高い四つの施策（「くらしのみちゾーン」「バリアフリー重点整備地区」「面的無電柱化地区」「自転車利用促進地区」）について、全国の見本となるモデル地区（スーパーモデル地区）を認定	地方公共団体	道路整備事業、運営体制構築、効果測定、広報等について国土交通省が予算を特別支援
人にやさしいまちづくり事業	国土交通省	市街地における高齢者・障害者の利用に配慮した施設整備を補助	地方公共団体 都市再生機構 民間事業者	＊間接補助 国 1/3、地方公共団体 1/3、民間事業者 1/3 ＊直接補助 国 1/3、地方公共団体 2/3
長期優良住宅先導的モデル事業（旧称：超長期住宅先導的モデル事業）	国土交通省 独立行政法人建築研究所	住宅の長寿命化モデル事業の提案を公募し、優れた提案に対して事業実施費用の一部を補助	建築主（個人、住宅供給事業者、建築主と建設関連事業者等のグループ等）他	住宅の新築の場合：1 戸当たりの補助金上限 200 万円、1 地区あたり（団地、共同住宅）の上限は 2 億円

＊間接補助：国庫補助事業において事業者に直接補助せず、地方公共団体に補助金を交付する形式。
　直接補助：事業者に直接交付する補助金の補助形式。

◆参考資料

下記に、国土交通省が2004年に発表した無電柱化推進計画を転載する。それまで、「電線類地中化」計画であったが、地中化がなかなか進まないことを受けて、「無電柱化」に方向転換したものだ。国が進める無電柱化の基本的な考え方として、重要なものであるので、是非参照いただきたい。

この資料の「5.費用負担のあり方(4)」によれば優先度の低いと判定された住宅地における無電柱化・電線類地中化は、現在のところ要請者負担方式で行う以外に方法がないようである。その反対にバリアフリー重点整備地区、大規模団地、モデル団地などの優先度が高いと思われる場所では、電線共同溝方式や自治体管路方式での整備の可能性が十分にあり得る。

無電柱化推進計画

2004/4/14
国土交通省道路局

国土交通省と関係省庁、関係事業者は4月14日に電線類地中化推進検討会議を開催し、無電柱化を推進するための計画として「無電柱化推進計画」（資料1）をとりまとめました。

資料1
無電柱化推進計画

1．はじめに

電線類地中化については、昭和61年度から3期にわたる「電線類地中化計画」と「新電線類地中化計画」に基づき、関係者間の協力のもと積極的に推進してきたところである。

これまでの取り組みにより、市街地の幹線道路[*1]の無電柱化率[*2]は9％（平成15年度末見込み）になるなど、まちなかの幹線道路については一定の整備が図られてきている。しかし、その水準は欧米都市と比較すると依然として大きく立ち遅れており、引き続き推進していく必要がある。

また、「新電線類地中化計画」策定以降、「交通バリアフリー法」[*3]の施行や「観光立国行動計画」の策定等がなされ、道路から電柱・電線を無くす無電柱化に対する要請は、歩行空間のバリアフリー化、歴史的な街並みの保全、避難路の確保等の都市防災対策、良好な住環境の形成等の観点からもより一層強く求められるようになり、これまでの幹線道路だけではなく非幹線道路においても無電柱化を進めていくことが必要となっている。

一方、電力・通信分野の自由化の進展等に伴い電線管理者の経営環境は厳しさを増し、また国・地方公共団体における財政事情も悪化しており、一層のコスト縮減等円滑な推進のための課題への対応も必要となっている。

こうした時代の要請と課題に応え、無電柱化が美しい国づくり、活力ある地域の再生、質の高い生活空間の創造に大きく貢献することを目指し、新たに主要な非幹線道路も整備対象に加え地中化以外の手法も活用して、我が国の無電柱化を計画的に推進するため、本計画を策定したものである。

注＊1　都市計画法における市街化区域及び市街化区域が定められていない人口10万人以上の都市における用途地域内の一般国道及び都道府県道
＊2　電柱、電線のない道路の延長の割合
＊3　高齢者、身体障害者等の公共交通機関を利用した移動の円滑化の促進に関する法律

2. 無電柱化の基本的な考え方

無電柱化は、安全で快適な通行空間の確保、都市景観の向上、都市災害の防止、情報通信ネットワークの信頼性の向上、観光振興、地域活性化等の観点からその必要性及び整備効果は大きく、一層の推進が強く要請されている。それらの要請に応え、自由化等で厳しさを増す電線管理者の経営環境や国・地方公共団体の財政状況の悪化等の課題に対応しつつ、道路管理者、電線管理者及び地元関係者（地方公共団体、地域住民）が三位一体となった密接な協力のもと、これまでの幹線道路に加え新たに主要な非幹線道路も対象として、より一層の無電柱化を積極的に推進する。

3. 無電柱化対象の考え方

1）基本的方針

無電柱化対象の選定にあたっては、以下を基本的方針とする。

⑴まちなかの幹線道路については、引き続き重点的に整備を推進するものとする。

⑵都市景観に加え、防災対策（緊急輸送道路・避難路の確保）、バリアフリー化等の観点からも整備を推進するものとする。

⑶良好な都市環境・住環境の形成や歴史的街並みの保全等が特に必要な地区においては、主要な非幹線道路も含めた面的な整備を実施するものとする。

2）無電柱化実施個所の選定

無電柱化実施個所の選定にあたっては、基本的方針に沿って、以下の要件を総合的に勘案し、必要性及び整備効果の高い箇所を選定するものとする。

⑴路線要件

不特定多数の歩行者や自動車の利用頻度の高い、地域の骨格となる幹線道路及び主要な非幹線道路の無電柱化を重点的に実施するものとする。

⑵用途要件

商業地域、近隣商業地域、住居系地域において引き続き無電柱化を実施するほか、歴史的街並みの保全が特に必要な地区等においても実施するものとする。

⑶ 関連事業要件

土地区画整理事業、市街地再開発事業、バリアフリー化事業等、他の関連事業と併せた無電柱化を重点的に実施するものとする。

⑷沿道要件

地域の景観改善への取り組み、電力・通信の需要の観点に配慮して無電柱化を実施するものとする。

4. 無電柱化の進め方

1）コスト縮減

電力・通信分野の自由化の進展等に伴い厳しさを増す電線管理者の経営環境、国・地方公共団体の財政事情の悪化などに対応するため、無電柱化のコストを縮減することが急務である。そのため、さらなる簡便でコスト縮減が可能な無電柱化の手法として以下の方針で実施するものとする。

⑴同時施工

都市部のバイパス事業、拡幅事業、街路事業、土地区画整理事業、市街地再開発事業、バリアフリー化事業に併せて、電線共同溝等を原則同時施工するものとする。その際には、計画のなるべく早い段階から調整を行い円滑な事業実施を図るものとする。

⑵浅層埋設方式の導入

従来よりコンパクトで簡便な浅層埋設方式を標準化するものとし、掘削埋め戻し土量の削減等により概ね2割のコスト縮減を目標とする。

⑶既存ストックの有効活用

既設の地中管路について、管路所有者と協議の上可能であれば、電線共同溝等の一部として活用するものとする。

⑷地中化以外の無電柱化手法の導入

非幹線道路を中心に、軒下配線・裏配線等の手法も導入し、無電柱化するものとする。

2）整備手法

⑴電線共同溝方式

以下のa)、b）のいずれかに該当する道路については、電線共同溝方式による整備を基本とするものとする。

a）幹線道路

・商業地域、オフィス街、駅周辺、住居地域の幹線道路

・地域防災計画に位置づけられている都市部の緊急輸送路等

b）以下の地区内の幹線道路及び主要な非幹線道路

・くらしのみちゾーン

・重要伝統的建造物群保存地区、歴史的風土保存区域、第一種歴史的風土保存地区及び第二種歴史的風土保存地区

・バリアフリー重点整備地区（特定経路）

・既成市街地等で都市計画決定された土地区画整理事業・市街地再開発事業地区

・特に防災上、整備の緊急性が高い密集市街地

⑵電線共同溝方式以外の無電柱化手法

自治体管路方式、単独地中化方式等の地中化手法、あるいは裏配線、軒下配線等の地中化以外の無電柱化手法も活用して整備するものとする。

なお、土地区画整理事業や宅地開発事業などにおいて、まちづくりの計画段階から共同して計画を行い、主要な道路においては、裏配線などにより当初から電線や電柱がない環境を実現する手法も活用するものとする。

3）整備を進めるにあたっての体制

⑴全国10ブロック毎の道路管理者、電線管理者、地方公共団体等、関係者からなる無電柱化協議会において、構成員の意見を十分反映した協議により、推進計画を策定し計画的に推進するとともに、定期的に同協議会を開催し円滑な推進に努めるものとする。

⑵同協議会においては、都道府県単位などの地方部会の意見を反映するものとする。

⑶具体の無電柱化箇所における事業実施に関しては、道路管理者、電線管理者、地元関係者の各々が果たすべき役割と責任を踏まえ、連絡会議の設置等により円滑に推進するものとする。

5. 費用負担のあり方

無電柱化に伴う費用については、以下の通りとする。

⑴電線共同溝方式：電線共同溝の整備等に関する特別措置法に基づき、道路管理者及び電線管理者等が負担する方法

⑵自治体管路方式：管路設備の材料費及び敷設費を地方公共団体が負担し、残りを電線管理者が負担する方法

(3)単独地中化方式： 全額電線管理者が負担する方法

(4)その他、無電柱化協議会で優先度が低いとされた箇所において無電柱化を実施する場合には、原則として全額要請者が負担するものとする。

6. 整備の目標

平成16年度から20年度までの5年間を計画期間とし、以下を目標として整備を推進するものとする。

(1)市街地の幹線道路については、その無電柱化率を現在の9%から17%に向上させる。

(2)政令指定都市、道府県庁所在地等の主要都市においてまちの顔となる道路*[1]の無電柱化率については、48%から58%に向上させる。

(3)くらしのみちゾーン、重要伝統的建造物群保存地区等、バリアフリー重点整備地区等、主要な非幹線道路も含めた面的整備を推進すべき地区*[2]については、概ね7割の地区で整備に着手する。

注＊1　商業地域内の国道、都道府県道及び4車線以上の市区町村道

＊2　407地区（平成15年度末現在）

❖索　引

おわりに

電柱や電線のある風景に慣れてしまうと、それほど気にならなかったり、むしろ親しみを感じるという人も居る。でもよくよく観察し、考察もしていただきたい。西岸良平の漫画『三丁目の夕日』の時代の、木柱に2、3本の電線が架かっている頃の姿と今日のそれとでは全く容相を異にするものである。歩道にはみ出したコンクリートむき出しの大きな柱に、10数本の各種架線と設備機器類が露出し、そこからまたクモの巣のように四方八方に這っていく有様は、明らかに醜悪な境地である。これらを未来に引き継ぐ都市基盤と捉えて、安全で、耐久力と秩序あるものに改善していくことは、公共の責務であろう。放置することは、工場排水や生活排水を公共下水ではなく、そのまま川に流し続けることに等しい。

下水道整備技術においては、遅ればせながらもこの半世紀を経て日本は先端的な域に達し、今では途上国に多くの技術協力を提供するまでになっている。電線類地中化は、これまでの初歩的で実験的な域を脱し、本腰を入れる段階を迎えている。そのためには、下水道の歴史に見られるように、層の厚い技術、技術者、研究者の存在が不可欠であり、法制度の完備、そして住民の理解と協力が必要とされる。しかし、これからの日本の都市環境下で、電線類地中化に成果を挙げることができるなら、事情の似たアジアをはじめ世界の5分の4を占める国・地域のモデルとなり、技術発展・経済面のメリットもはかり知れないだろう。

幸い、最近になって京都市、奈良市、そして大阪府などの公共団体と、当NPO法人との交流が進み出した。そして行政の中にも、地中化への強い意欲と合わせて、深い悩みがあることも解ってきた。特に大阪府は、府下のまちなみ・まちづくりに熱心な自治体を応援する独自の画期的な支援制度を創設している。これは従来の国の補助制度の大半が、地元自治体の負担が1/2以上求められるために、実際には厳しい財政状況の中で、動きが取れないことを察して、その分を府が支出しようとするものである。

当然多くの地域が名乗りを挙げたものの、いざ実行となるところで、電力会社とも、地元住民ともコミュニケーションの方法が見つかりにくく、困った状況になり、私たちとの交流が始まったのである。そこで完全な答えが出た訳ではないが、無電柱化に弾みをつける有効な方法、そしてアクションプランにつながる多くのヒントを得ることができた。そして改めてこの事業に関して情報が余りにも未整理であることが判明した。

電線類地中化は、大きく取り残された課題である。しかし解決するのに、それほど困難や複雑な要素は見当たらない。明らかに、これまでのまちづくりの盲点であり空白部であった。そのことに気づくだけでも、大きく事態を変える力にはなるだろう。本書が、まずはそのような動機づけとなることを願うところである。

本書は、そのような状況認識と実行への試み、そして交流の中から生み出されたものである。先進的な意欲と取り組みを通じて、多くの情報を提供された地域、行政、企業の方との合作である。また全国的にも例のない出版企画を後押し、本書を世に送り出せたのは学芸出版社の前田裕資氏、越智和子さんのお力であることを記し、深くお礼を申し上げたい。

2010年5月

NPO法人電線のない街づくり支援ネットワーク理事長　高田　昇

［著者紹介］

●編著者

NPO 法人電線のない街づくり支援ネットワーク

2007年4月発足。理事長高田昇。日本の街を電柱や電線のない、安全安心で、美しい景観の街にするために、まちづくりを行うすべての機関を支援していく専門家集団。

活動内容は、電線類地中化を検討するディベロッパーや行政などへのコンサルティングやコスト削減提案、地中化された街の見学会、「実践！美しい街づくりセミナー」やシンポジウムなどを各地で開催。これらの活動を通して市民への啓発活動を行っている。

事務局：大阪府吹田市内本町1丁目1番21号

電　話：06-6381-4000　info@NPONPC.net

http://nponpc.net/

事務所：東京・北海道・沖縄・中部

●執筆者（執筆順）

井上利一（いのうえ・としかず）

㈱ジオリゾーム代表取締役。NPO法人電線のない街づくり支援ネットワーク理事兼事務局長。

1966年生まれ。立命館大学文学部哲学科卒業。京都の出版社、広告代理店勤務を経て、実父の死去に伴い、1995年に㈱テレ・ワーク（現㈱ジオリゾーム）代表取締役就任。一級土木施工管理技士、土壌環境リスク管理者。

NPO法人電線のない街づくり支援ネットワークの理事兼事務局長として、日本の電線類地中化を推進すべくセミナー開催や講演活動をしている。講演テーマ「日本の電柱はなぜ無くならないか？」「環境配慮型不動産を作りだせ」等。

高田　昇（たかだ・すすむ）

都市計画家、立命館大学教授（政策科学部）、㈱COM計画研究所代表。NPO法人電線のない街づくり支援ネットワーク理事長。

1943年まれ。神戸大学工学部建築学科卒業。1970年COM計画研究所設立。1990年立命館大学教授に就任。

NPO法人コープ住宅推進協議会関西理事長、大阪都市環境会議代表幹事、屋上緑化推進協会会長。

著書に、『都市再生・街づくり学』（編著、創元社）、『まちづくりフロンティア』（オール関西）、『コーポラティブハウス—21世紀型の住まいづくり』（学芸出版社）、『まちづくり実践講座』（学芸出版社）、『地域づくりと住民自治』（編著、法律文化社）、『阪神・淡路大震災誌』（共著、朝日新聞社）。

長谷川弘直（はせがわ・ひろなお）

岡山・美作大学大学院客員教授、まちづくりと環境デザイン研究室、京都造形芸術大学・兵庫県立大学特別大学院非常勤講師、NPO法人電線のない街づくり支援ネットワーク副理事長。

1975年、㈱都市環境ランドスケープ設立。〈RLA〉登録ランドスケープアーキテクト。

主な仕事に、新運河の街・キャナルタウン兵庫（2002年グッドデザイン賞、2007年土木学会景観デザイン賞）、奈良万葉ミュージアム庭園、道頓堀・湊町リバープレイスなど。

著書に、『心象風景でつくるランドスケープデザイン』（マルモ出版）他。

鈴木映男（すずき・てるお）

元大阪府職員。

1942年生まれ。北海道大学工学部建築工学科卒業、1966年大阪府に入る。建築部の建築指導、開発指導、住宅建設等、主として指導行政部局の経験が長く、最後は府住宅供給公社に出向して分譲住宅の建設等に関わる。

居住区の建築協定運営委員会メンバーとして、「建築協定等ガイドブック—いつまでも美しいまちなみであるために」を策定。

山本勇（やまもと・いさむ）

㈱アースクリエイト理事、NPO法人電線のない街づくり支援ネットワーク理事。

1944年生まれ。住友海上火災保険（現三井住友海上火災）海外部門他、住友海上リスク総合研究所（現インターリスク総研）主席研究員（環境部門）、東京大学先端科学技術研究センター客員研究員（2004-2006）を歴任。
NPO 法人環境経営学会理事、他。
論文に「環境負債としての土壌汚染」『サステイナブルマネジメント』（第 8-2、2009）他。

竹本俊平（たけもと・しゅんぺい）

再開発プランナー、マンション建替えアドバイザー、インテリアプランナー。
1945 年生まれ。京都大学大学院修士課程終了（建築計画学）、日本住宅公団入社、団地の計画・設計、市街地再開発計画、団地建替え、住宅管理、震災復興事業などを歴任。アミング開発㈱、日本総合住生活㈱、栗本建設工業㈱を経て、現在フリー。
ＪＲ尼崎駅北地区市街地再開発事業に関わる。
著書に、『都市生活と街づくり』（共著、関西住宅都市研究会）、『マンション　企画・設計・管理』（共著、学芸出版社）、『集住体・半世紀の挑戦』（共著、ＵＲ都市機構西日本支社）。

進藤千尋（しんどう・ちひろ）

㈱ COM 計画研究所主任研究員。
1973 年生まれ。立命館大学産業社会学部産業社会学科卒業。1996 年㈱鴻池組本社人事部入社、2000 年退職。同年㈱ COM 計画研究所入社、現在に至る。
トアロード地区まちづくり協議会の運営支援に携わる。

隠塚　功（おんづか・いさお）

京都市会議員、NPO 法人アートテックまちなみ協議会特別顧問。
1963 年生まれ。早稲田大学社会科学部卒業。京都信用金庫、長谷工コーポレーション、オムロンファシリティクリエイツ等を経て現職。
NPO 法人アートテックまちなみ協議会の特別顧問（元理事長）として、地域を活かしたまちづくりに関与。

加藤寛之（かとう・ひろゆき）

㈱サルトコラボレイティヴ代表。
1975 年生まれ。立命館大学政策科学部卒業、㈱ COM 計画研究所主任研究員を経て、2008 年より現職。
大阪府枚方市、兵庫県丹波市、滋賀県大津市、滋賀県長浜市（旧びわ町）、三重県伊賀市などで、地域のまちなみ形成や活性化の仕組みづくり、および各地のまちづくり組織の運営支援を行っている。

木村宗光（きむら・むねみつ）

NPO 法人電線のない街づくり支援ネットワーク副理事長。
1943 年生まれ。東京理科大学工学部建築学科卒業。元・大和ハウス工業㈱取締役。

森　建一（もり・けんいち）

NPO 法人電線のない街づくり支援ネットワーク理事。大和ハウス工業㈱技術本部設備部次長。
1952 年生まれ。立命館大学理工学部電気工学科卒業。村本建設㈱を経て、大和ハウス工業㈱。

村上尚徳（むらかみ・しょうとく）

㈱ジオリゾームチーフ。
1968 年生まれ。通信ケーブルの敷設工事会社に 14 年勤務の後、電線類地中化の施工会社勤務を経て、2002 年㈱テレワーク（現㈱ジオリゾーム）入社。現在に至る。
10 年にわたって、電線類地中化の現場施工業務、管理業務、設計業務に携わっている。
無電柱サイト　http://www.georhizome.com

電柱のないまちづくり

電線類地中化の実現方法

2010 年 6 月 30 日　第 1 版第 1 刷発行
2018 年 4 月 30 日　第 2 版第 1 刷発行

編著者　NPO 法人 電線のない街づくり支援ネットワーク
発行者　前田裕資
発行所　株式会社 学芸出版社
京都市下京区木津屋橋通西洞院東入
〒 600-8216　電話 075-343-0811

印刷：イチダ写真製版
製本：新生製本
装丁：KOTO DESIGN Inc.

ISBN978-4-7615-2487-6